図解即戦力

豊富な図解と丁寧な解説で、
知識0でもわかりやすい！

AIエンジニアの実務と知識がしっかりわかる教科書

これ1冊で

AIエンジニア研究会 著

技術評論社

はじめに

今、AI関連のニュースを見ない日はありません。「伝説の歌手がAIで復活！」「ついにプロ棋士がAIに敗北！」といったポピュラーな話題から、「店舗の無人化にAIを活用」「消費行動の予測のためにビッグデータをAIで解析」といったビジネスの話題まで、幅広い分野でAIが注目されています。少子高齢化の影響で労働力の不足が深刻化する現代において、人間しかできなかった複雑な判断を任せられるAIの重要性は、日に日に高まっています。

その一方で、AIシステムの開発に携わる「AIエンジニア」の人材不足は深刻です。経済産業省の「IT企業の人材需給に関する調査」によると、国内では2018年の時点で約3万人のAI人材が不足しており、2030年には14万人にまで達すると試算されています。なぜ、このような状態に陥っているのでしょうか？

それは、AIエンジニアには従来のITエンジニアとは異なるスキルが求められているためです。ITエンジニアがAIエンジニアに転職することも簡単ではなく、さらにAIエンジニアの育成も立ち遅れているのが現状です。

しかしそのような状況であるからこそ、これからAIエンジニアになることは非常に有望で、かつ意義のあることなのです。

本書では、「AIエンジニアとは、どのような職業であるのか」を、リアルな視点から解き明かしていきます。AIエンジニアになりたい方はもちろん、AIエンジニア育成に必要なポイントを知りたい方や、これからAIシステムを開発していきたい企画職の方や事業者など、エンジニア以外の読者にも役立つよう「AIエンジニアの基本の基本」から解説しました。

本書を足がかりにAIエンジニアの世界や、AIエンジニアに求められるスキルを理解し、磨いていただければ幸いです。そして読者の皆さまが、将来AIエンジニアとして活躍される日を楽しみにしています。

本書の執筆にあたり多くの企業さまにご協力いただきました。この場を借りて厚くお礼申し上げます。

2021年1月19日 AIエンジニア研究会

はじめにお読みください

本書に記載された内容は、情報の提供のみを目的としています。したがって、本書を用いた運用は、必ずお客様自身の責任と判断によって行ってください。これらの情報の運用の結果について、技術評論社および著者はいかなる責任も負いません。

本書記載の内容は、2021年1月現在のものを掲載しています。そのため、ご利用時には変更されている場合もあります。また、ソフトウェアはバージョンアップされることがあり、本書の説明とは機能や画面が異なってしまうこともあります。

以上の注意事項をご承諾いただいた上で、本書をご利用願います。これらの注意事項をお読みいただかずにお問い合わせいただいても、技術評論社および著者は対処できません。あらかじめ、ご承知おきください。

目次　Contents

1章 AI業界の現状と基礎知識

2章 AIエンジニアの仕事と仕組み

3章
AIエンジニアの求人状況と働き方

4章
AIエンジニアになるには

5章

AIシステムの概要

6章

AIモデルの構築とPoC

7章
AIシステムを作る

8章
AIシステムの運用

9章
AIエンジニアになったら

1章

AI業界の現状と基礎知識

AIは、さまざまな分野で活用が進められています。AIは何ができるのか、どういう分野で活用しているのか、AIエンジニアは何をする職業なのかを本章で解説します。

01 幅広く使えるAI

AIは幅広い業種で活用されている、人の負担を軽くする画期的な技術です。しかし、“AIは何でもできる技術”ではなく、限られたことしかできません。まずは、AIとは何なのか、どんな場面で使えるのかを解説します。

AIとは

AIはArtificial Intelligenceの略で、人工知能とも呼ばれます。何でもできる夢のような技術だと、過度な期待を向けられがちですが、できることとできないことがあります。AIエンジニアについて知る前に、現在のAIで何ができるかを理解しましょう。

●特定のことだけを処理する

現在のAI技術でできることは限られています。そのキーワードとなるのが**「特化型AI」と「汎用型AI」**です。特化型AIは、画像処理や自動運転、人との会話など、特定のことだけ処理するAIです。汎用型AIは、特定の作業に限定せず幅広く対応できるAIで、人のように幅広い問題を解決するためのAIです。

現在の技術で実用化できるのは、特化型AIです。ある業務だけを自動化するというように、特定の領域に対してしか適用できません。

■特化型AIと汎用型AI

特化型AI	汎用型AI
特定のことだけができる 自動運転、画像処理、人との会話など	特定の作業に限定せず幅広く対応できる 人のように問題解決能力を持つ

●機械的に処理する

別の視点からのキーワードとして、**「強いAI」と「弱いAI」**があります。「強いAI」とは、意識・思考を持ち、人のように能動的に機能するものです。一方の「弱いAI」は、意識・思考は持たず学習した通りに、機械的な行動を受動的に行うだけです。

強いAIは技術的なハードルが高く、実現には至っていません。広く使われているのは、意識・思考は持たず、学習した通りに作業を実行する弱いAIです。

■強いAIと弱いAI

強いAI	弱いAI
意識・思考を持つ 人のように能動的に行動できる	意識・思考を持たない 学習した通りに機械的・受動的に行動する

つまり、現状で実用化されているAIは**「特化型の弱いAI」**で、汎用型かつ強いAIの「何でもできるAI」はまだ実現できていません。

AIの処理は「識別」「予測」「実行」の組み合わせ

実用化されているAIは、画像処理や自動運転、人との会話といった特定のことを処理します。これらを実現するためにAIがやっていることは、大きく分けて、**「識別」「予測」「実行」**の3つです。

●識別

入力されたデータを識別します。画像認識の場合、画像に映っている人物から、男性か女性か、大人か子供かといったことが識別できます。防犯カメラなどでは、特定の人物の画像を登録しておくと、登録された人物がカメラに映ったかどうかを識別できるようになります。

●予測

入力データから将来の出来事や結果を予測します。例えば、売上予測や株価予測などです。これらはAIに対して過去のデータを大量に学習させることで、学習したデータの傾向を分析して将来を予測します。

●実行

識別や予測の結果に基づいた処理を実行します。顔認証システムであれば、顔写真が登録された人物を認識してドアを開けることができます。株価予測アプリであれば、株価の予測に基づいて売買の提案などができます。また自動運転は、カメラやレーザーなどのセンサ情報から識別して、最適な運転行動を予想し、ハンドルの向きやアクセル、ブレーキなどを制御（実行）するという一連の流れで構成されています。

AIを使うメリット

AIを使うことで、「人物の認識」「株価予測」「自動運転」など、さまざまなことが実現できます。AIは事前に過去のデータを学習して法則性や関連性を見つけることで、入力された情報を識別して、情報を分類したり、情報を元に将来を予測したり、分類や予測結果から何かしらの処理を実行したりします。

AIの利点は、このような一連の流れを人に比べて高速に実施できるところにあります。例えば、従来は工場でベルトコンベアに流れる部品を検品する場合、熟練者が目視で確認して不良品を取り除いていました。しかし、作業者によって判断にバラつきが出たり、疲労による作業効率の悪化などが発生していました。これらの作業をAIに置き換えることで、**作業効率を維持しながら一定の品質を確保**することが可能になります。

■作業効率の違い

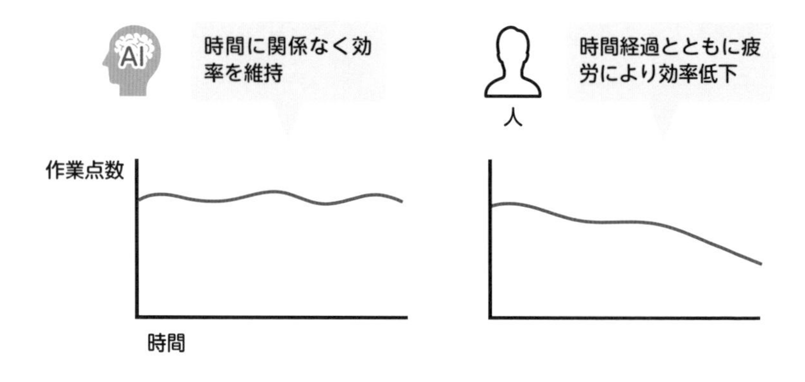

AIが使われる分野

人をサポートするために、さまざまな業界でAIの導入が進められています。どういった分野で求められているのか、例と併せて紹介します。

■AIの導入分野例

●建設や電力などのインフラ

インフラの建設業務は屋外での肉体労働が多く、作業者に大きな負担が掛かります。また、インフラは年中無休24時間の安定した稼働が求められるため、定期的な点検や保守が必要です。そこで、AIを搭載したロボットによる緊急出動や危険な作業への従事、老朽化や災害に備えたAIによる故障予測などが、市民生活の維持に大きな役割を果たすと期待されています。

●製造

製造業で「AI」といえば、ロボットによる作業の効率化が挙げられます。すでに、ロボットが生産や検品のラインに並び、アームが器用に動いて臨機応変な作業を行う光景は珍しくありません。

昨今は、人手不足解消のため熟練者の動きを模倣して新人の訓練をするAI、危険を予測して作業者に警告するようなAIなども開発されています。

●小売

顧客の購買データや店内での行動分析から、在庫調整や魅力的な商品配置、セールやイベントの告知などを動的・積極的に行い、購買客を獲得する戦略が盛んになっています。

また、画像認識を利用して撮影した商品画像から、会計ができるレジを導入している店舗もあります。バーコードがない商品に値札を付ける必要がなく、値段を手入力する手間も減るため、作業効率が向上します。

●金融

株価の分析にとどまらず、リスクの分析、顧客への金融商品の提案、ファイナンシャルプランニングなどのAI化も進められています。

さらに、ローンの審査やクレジットカードの不正利用の検知など、今までは人の目で確認する必要のあった大量のデータが、AIで高速に処理できるようになっています。

●医療

医療分野はこれまでにも画像処理・解析システム、電子カルテ、遠隔での診断や医療技術指導など、コンピュータによる効率化や高度化が追求されてきました。さらにAIの導入で、患者ひとりひとりへの医療計画や要望への対応を充実させることができます。これにより医師、看護師、介護職員など従事者の不足を補い、負担を軽減することが期待されています。

●教育分野

AIのメリットは、データを数値化できることです。生徒の学習状態をAIで分析することによって、学習レベルに応じた教材を提供できるようになるとともに、授業改善や教材評価もしやすくなります。また教師の負担を減らすため、テストの答案用紙をスキャンして読み込み、AIによる採点などでも活用されています。

●サービス

顧客とのやりとりを、AIを介して効率的に行えます。近ごろは修理依頼や商品の注文を電話やメールではなく、撮影した画像をWebページにアップロードして行ったり、チャットを通じて詳細を問い合わせたりできるサービスが当たり前になってきました。このとき、画像から必要な情報を抽出したり、問い合わせに適切な答えを選択したりという作業をAIで行い、最終的な判断のみを人に任せることで、分析や判断を迅速に、客観的に行うことが期待されています。

AIで人をサポートする

さまざまな分野でAIの導入が進められていますが、どの分野にも共通しているのは、人の仕事や生活をサポートするためにAI技術が活用されているということです。AI分野は新しい技術が次々と発表され、目覚ましい進化を続けています。先述した分野以外でも仕事の効率化や判断の高度化、人の労働の負担軽減に、AIの活用が期待されています。

■ AIで人をサポート

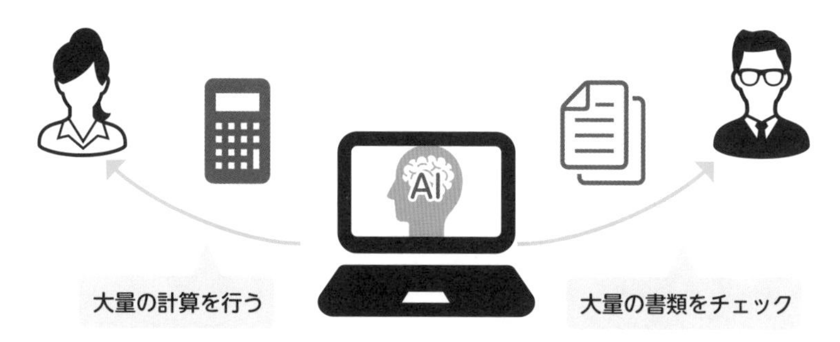

- 実用化されているのは、特定のことを機械的に処理するAI
- AIができることは「識別」「予測」「実行」
- AIを活用することで、業務の効率化や判断の高速化、人の労働の負担軽減が期待されている

02 企業へのAI導入の動向

AIを使えば、これまで人が担っていた仕事の多くを機械に任せられるため、さまざまな企業が期待を寄せています。この節では、企業のAI導入率やサービスの提供状況について紹介します。

AIとIoT技術を使用したシステムやサービスの導入状況

AIはさまざまな業界で導入が進められていますが、総務省が2018年に公表した通信利用動向調査報告書では、AIとIoT技術（P.22参照）が使われているサービスやシステムを導入している企業は、12%に留まります。産業別に見ると、金融・保険業、情報通信業、製造業の導入率が高く、ほかの産業よりも導入が進んでいることがわかります。導入を検討している企業も10%を超えており、今後の導入率の向上が期待できます。

■ AIとIoT技術を使用したシステムやサービスの導入状況（産業別）

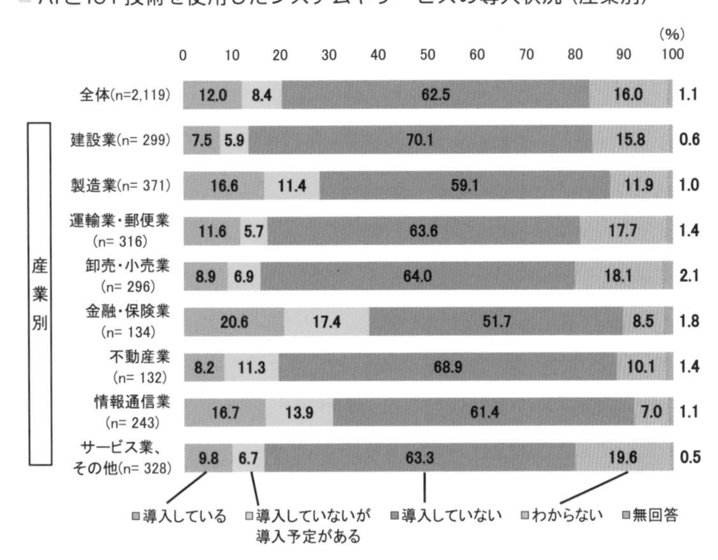

出典：通信利用動向調査報告書 2018

IT企業におけるAIを活用したサービスの展開

AIを活用したサービスの提供状況は、IT企業の中でも差があります。従業員が多い企業の半数は、AIを活用したサービスを展開しています。逆に、従業員が少ないほど、サービスを展開している企業は少ないといえるでしょう。

IT企業全体としてみると、AIを活用したサービスを実施している、もしくは検討中という企業は全体の半数を超えます。そのため、今後のさらなる成長が期待できます。

■IT企業のAIを活用したサービスの提案、支援、協業の状況

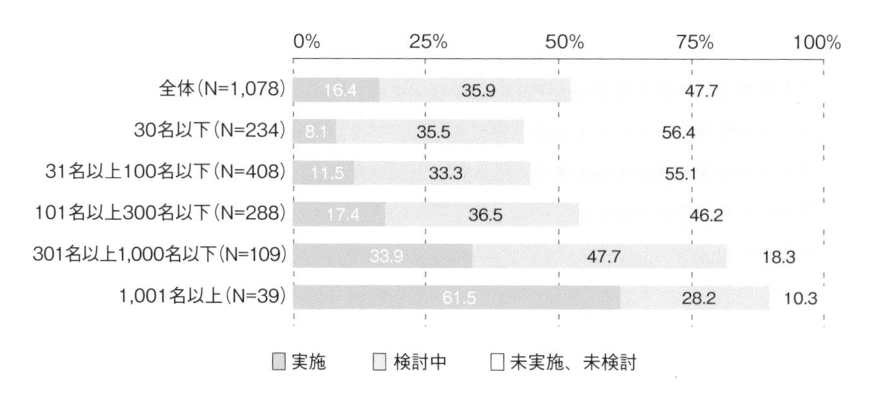

出典：IT 人材白書 2019 IPA

まとめ

- AIの導入もしくは導入を検討している企業は約20%
- 金融・保険業や情報通信業、製造業でAIの導入が進んでいる
- IT企業の約16%がAIサービスを提供しており、約40%の企業がAIサービスの提供を検討している

03 AI人材の需要

AI関連業務に携わる人材（AI人材）は「AI研究者」「AI開発者」「AI事業企画」の3種類に分けることができます。それぞれどういった業務を担い、どういった人材が不足しているのか、詳しく見ていきましょう。

AI人材の種類

AIに携わる人々にどういった分類があるのでしょうか。「IT人材白書2019（IPA）」では、AI人材を次の3種類に分けています。

■ AI人材の種類

種類	定義
AI研究者	<エキスパートレベル> AIを実現する数理モデル（以下、「AIモデル」という）についての研究を行う人材。AIに関連する分野で学位（博士号等）を有するなど、学術的な素養を備えた上で研究に従事する。AIに関する学術論文を執筆・発表した実績があるか、少なくとも自身の研究領域に関する学術論文に日頃から目を通しているような人材を想定
AI開発者	<エキスパートレベル> AIモデルやその背景となる技術的な概念を理解した上で、そのモデルをソフトウェアやシステムとして実装できる人材（博士号取得者等を含む、学術論文を理解できるレベルの人材を想定） <ミドルレベル> 既存のAIライブラリ等を活用して、AI機能を搭載したソフトウェアやシステムを開発できる人材
AI事業企画	<エキスパートレベル> AIモデルやその背景となる技術的な概念を理解した上で、AIを活用した製品・サービスを企画し、市場に売り出すことができる人材（博士号取得者等を含む、学術論文を理解できるレベルの人材を想定） <ミドルレベル> AIの特徴や課題等を理解した上で、AIを活用した製品・サービスを企画し、市場に売り出すことができる人材

出典：IT 人材白書 2019 IPA

AI研究者とは、大手企業の研究部門や大学などに籍を置き、専門的にAIモデルを研究するような人たちです。本書における**AIエンジニアは、AIモデルを利用したシステムを構築するAI開発者に該当**します。AI事業企画はAIシステムの企画を行う人で、AI開発者とのやりとりを密に行います。

AIシステム開発における実際の職種に割り当てると、4つに分類できます（詳しくは第2章で解説）。

■AIシステム開発に携わる職種

職種	業務内容
プロジェクトマネージャ	AIシステムのプロジェクトを統括する。プロジェクトの規模が小さい場合は、プランナーも兼ねる。AI事業企画に該当
プランナー	AIシステムの企画や仕様をまとめる。AI事業企画に該当
データサイエンティスト	AIシステムで扱うデータを整理して、AIモデルを作成する。AI開発者だが、AI研究者の要素もある
AIエンジニア	AIモデルを利用したAIシステムを構築する。企業によってはAIモデルの作成もする。AI開発者に該当

リサーチャー

企業によっては、新しい技術の研究を専門としたリサーチャー（AIリサーチャー）と呼ばれる人材がいます。リサーチャーは、AI研究者に該当します。リサーチャーがAIシステムを開発するプロジェクトやチームに所属している場合もありますが、ほとんどは研究チームの一員として最新の技術の研究を行います。リサーチャーが研究した情報がAIエンジニアに渡り、新規のAIシステムを開発するというパターンもあります。

■研究によって新しいサービスを生み出す

AIサービスの成功には人材の確保が不可欠

AIを利用したシステムやサービスを開発するには、人材の確保が必要不可欠です。AI人材がいるIT企業では、確保している人材は1～5人程度が多いようです。

また確保している人材は「AI開発者＜ミドルレベル＞」がもっとも多く、次いで「AI事業企画＜ミドルレベル＞」となっています。

■ AI人材の獲得状況

IT企業における人工知能（AI）に携わる人材（AI人材）の確保状況【従業員規模別】

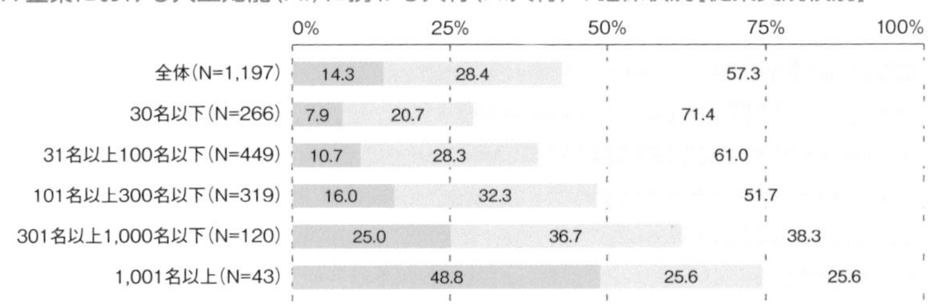

AI人材はいる　AI人材はいないが、確保・獲得を検討している　AI人材はいない。確保・獲得の予定はない。未検討

IT企業のAI人材数

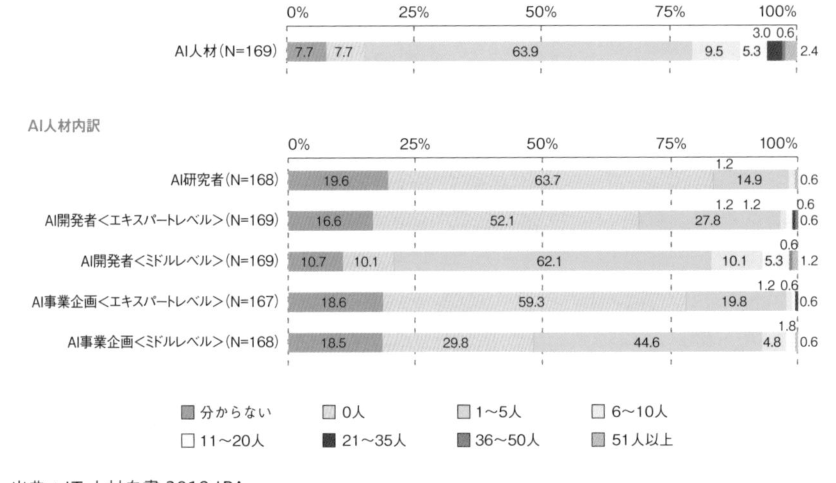

出典：IT 人材白書 2019 IPA

IT企業のうち実に70%以上が「AI開発者が不足している」と回答しています。中長期的な将来においては、AIの導入やサービス提供について検討できていないためか、どれくらいの人材が必要となるのかわからない企業も多く、全体の30〜40%を占めています。一方で、「不足している」が「現在」の70%を超えており、短期から長期的な将来でも50%以上の企業が不足感がある見通しです。そのため今後さらなるAI開発者の活躍が期待できます。

■ IT企業のAI開発者の過不足感

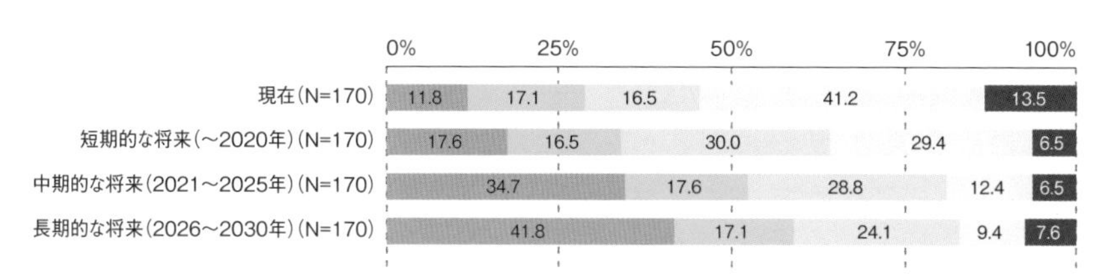

出典：IT 人材白書 2019 IPA

- **AIシステムの開発に必要なのは「AI開発者」と「AI事業企画」**
- **エキスパートよりミドルレベルの需要が高い**
- **AI開発者が不足しているIT企業は7割を超える**

AIとIoT

IoTはInternet of Thingsの略で、「モノのインターネット」と訳します。かつて、インターネットはコンピュータ同士をつなぐものでした。しかし現在は、工場のロボットや防犯カメラなど、コンピュータ以外のモノもインターネットでつながっています。

IoTを活用することで、防犯カメラで撮影した映像、マイクで録音した音声、センサで取得した湿度や温度など、さまざまなデータがリアルタイムに集められるようになりました。集められたデータは、AIモデルの学習データやAIシステムに入力するデータに使われます。

AIとIoTは切っても切り離せない関係にあるのです。

■さまざまな機器がインターネットでつながる

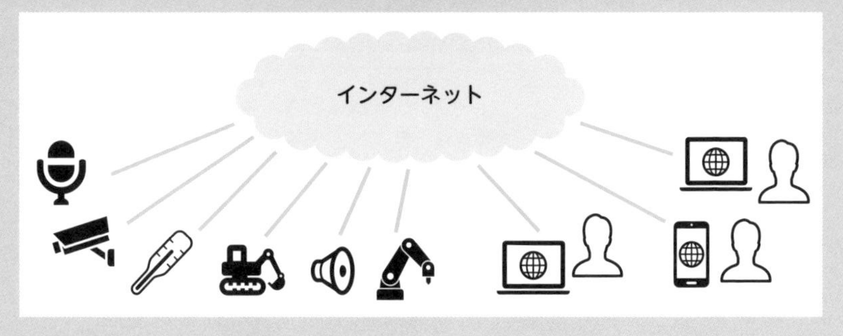

2章

AIエンジニアの仕事と仕組み

ひとくちにAIエンジニアといっても、さまざまな仕事があり、担当する業務範囲も広いです。この章では、AIエンジニアの仕事が、どのようなものなのか、その概要を説明します。

04 AIエンジニアってどんな人？

「AIエンジニア」という職業の歴史はまだ浅く、業務として扱う範囲も広いため、どのような仕事なのかをひとことで定義するのは困難です。そこでまずは、AIエンジニアの仕事の成り立ちと全体像をつかんでいきましょう。

AIエンジニアへの道は多岐にわたる

AIエンジニアとは、ひとくちにいえば、**「データの分析（アナリティクス）」と「プログラミング」を担当するエンジニア**です。AIシステム（AIモデルを用いて処理を行うシステム）の開発と運用・保守が主な業務です。

本書の執筆時点（2020年10月）では、「AIエンジニアになるための学科・学部を卒業し、AIエンジニアとして就職した」という人は多くありません。職場でのAIへの関心・必要性が高まってきたことで、ほかの技術・情報系の仕事をしてきた人がAIの研究・開発に従事するようになったケースが、多くの割合を占めています。

AIエンジニアになるきっかけとしては、次のような例が挙げられます。

●ハードウェア開発から

電子工学やロボット工学などでハードウェアの動作をソフトウェアで制御する研究をしていた人々が、より高度な制御を求めてAI研究に入っていくことがあります。

●ビッグデータ解析から

ビッグデータの「解析」からより積極的な「利活用」へと発展させるために、データを持っている会社内でAI部門が立ち上がることも多くあります。

●今までのSIerの延長で

AIが新しい分野といっても、「入力を処理して出力する」という工程が必要なことには変わりありません。また、AIを中心に置いた新しいシステムをゼロから作り上げるよりも、これまでのシステムにAIを結合する需要のほうが多いのが現状です。新しく組み込む機能を、まったく知らずには扱えません。そこでAIについて調べていくうちに詳しくなり、AI寄りの仕事に移っていくこともあります。

●統計を扱う研究から

統計を扱う研究は理工学系だけでなく、経済・社会・心理学の分野でも体系化されています。こうした分野の統計の知識や技法を生かして、AI業界へ進む人も少なくありません。

● AIが必要とされる現場から

AIがさまざまな分野に取り入れられていくにつれ、医療、防災、流通など、「今の現場の課題解決にAIが必要」という動機でAI研究に入る人もこれから多くなってくるでしょう。

■ AIに携わった経緯

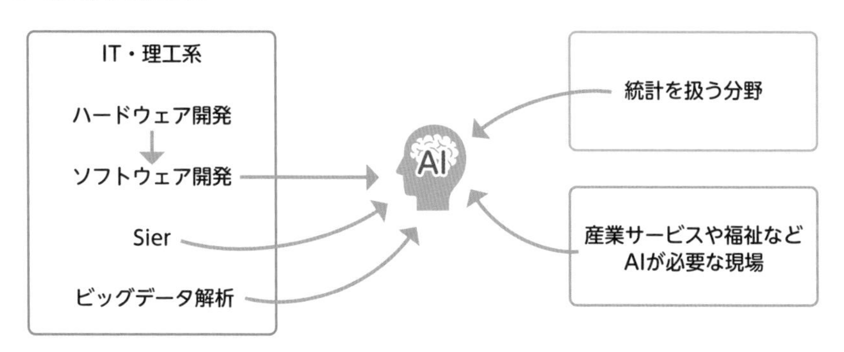

AIエンジニアは2タイプに分かれる

AIエンジニアとは、「データの分析」と「プログラミング」を担当するエンジニアと説明しました。そのため、データサイエンティスト寄りでAIモデル(P.38参照)の作成からAIシステムの実装・運用まで行うAIエンジニアと、AIシステムの実装・運用を中心としたAIエンジニアの2タイプに分かれます。

■ AIエンジニアは2タイプ

データサイエンティスト寄りのAIエンジニア
AIモデルの作成から、AIシステムの実装・運用まで一手に担う。 モデル作成のためにデータ分析も行うことから、数学や統計の知識が求められる

実装・運用が中心のAIエンジニア
データサイエンティストが作成したAIモデルを利用して、 AIシステムの実装・運用を中心に行う

データサイエンティストとAIエンジニア

データサイエンティストは、AIシステムで扱うデータを整理して、システムの頭脳となるAIモデルを作成します。確率・統計、数学（ベクトルや行列、テンソル、偏微分など）に加え、Pythonなどのプログラミングの知識が必要です。

AIモデルの作成には、TensorFlowやPyTorchなど、定評のあるライブラリが公開されています。一般には、それらを直接用いたり、同じ考え方で独自のコードを書いたりしてAIモデルを作成します。しかし適切なコードを書き、問題が起こったときに修正できるようにするためには、ライブラリの仕組みを理解しておく必要があります。

データサイエンティストの作成したAIモデルをシステムに実装し、テストを経て運用していくのがAIエンジニアの仕事です。実装するAIモデルに応じて、要求されるデータやその結果を理解した上で、実装を進めます。

これらのAIモデルの作成からシステムへ実装するまでの作業を、データサイエンティスト寄りのAIエンジニアが行う場合があります。企業によって、データサイエンティストとAIエンジニアの業務範囲が異なるためです。本書では、データサイエンティストがAIモデルを作り、AIエンジニアがAIモデルを受け取ってシステムに組み込んでいく、という流れで開発工程の話を進めます。しかし、データサイエンティストの作業もAIエンジニアが行うことがあることを念頭に置いておいてください。

■ データサイエンティストとAIエンジニア

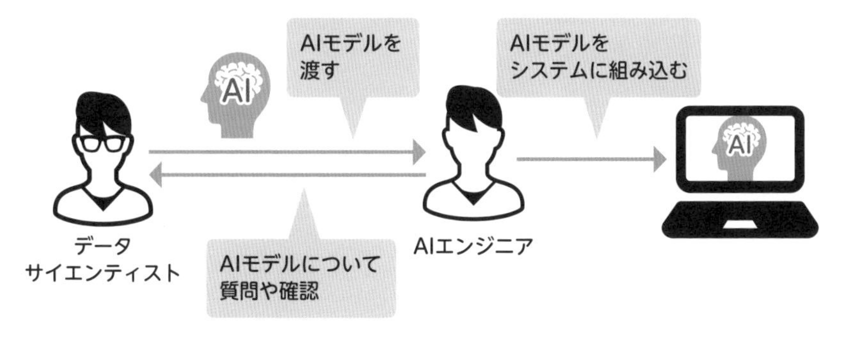

AIモデルを作成したあと

AIモデルを作成したあと、もしくはAIモデルの作成と並行して、AIエンジニアがAIモデルを組み込んだシステム全体を設計して、実装を進めます。顧客の要望に合わせて、Webアプリケーションやスマホアプリケーションなども開発し、ユーザーが操作できるようにしていきます。従来の業務システムやWebアプリケーション開発などと同様の作業（仕様作成、実装、テスト、運用）を行います。

まとめ

- AIエンジニアはデータ分析とプログラミングを担当する
- データサイエンティスト寄りのAIエンジニアと実装・運用寄りのAIエンジニアがいる
- データサイエンティストとAIエンジニアの連携は必須

05 AIエンジニアと関わる人々

会社やプロジェクトの目的・内容によっても異なりますが、AIモデルを用いたシステム開発には、おおむね5つの職種の人たちが、AIエンジニアと連携しながらプロジェクトを進めていきます。

AIシステム開発に携わる職種

AIエンジニアが開発を進めるにあたっては、「**プロジェクトマネージャ**」「**プランナー**」「**データサイエンティスト**」「**プログラマ**」「**インフラエンジニア**」の5つの職種の人たちと連携します。

■ AIシステム開発に携わる職種

企画	データ分析（開発に含まれる場合もある）	開発
プロジェクトマネージャ プランナー	データサイエンティスト	プログラマ インフラエンジニア

●プロジェクトマネージャ

プロジェクトマネージャ（以降PM）は、プロジェクトチームの司令塔となる人です。AIプロジェクトの企画から開発、運用までの全工程に関わります。

PMの重要な役割は、プロジェクトメンバーとタスクの管理です。プロジェクトの各段階で、どのようなエンジニアが何名必要で、どれだけの時間を要するかを考えます。また、顧客と各エンジニアが直接コミュニケーションを取るのではなく、基本的にはPMを通してプロジェクトを進めていきます。

AIシステムも、基本的な仕事の内容は一般的な業務システムやWebシステムなどの開発プロジェクトのPMと同じです。データサイエンティストと顧客とをつなぐ架け橋となるため、AIの基本的な知識は当然のこと、扱い方に関しては、さらに深い知識が必要です。

■PMを中心に動く

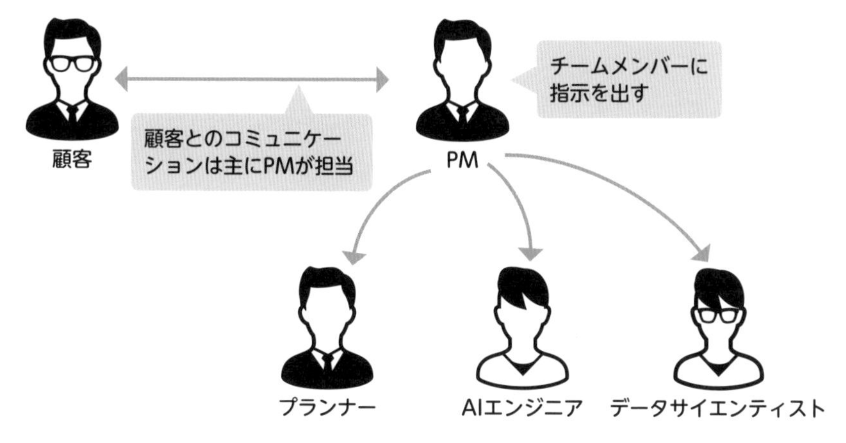

●プランナー

プランナーは、AIシステムの企画や仕様を作る人です。規模が小さいプロジェクトでは、PMがプランナーを兼ねることもあります。

PMとプランナーが分かれている場合は、顧客とのやり取りはPMが行い、仕様作成のような実作業はプランナーが行うなどの形で、作業を分担して進めます。

●データサイエンティスト

データサイエンティストは、顧客から提供されたデータを検討して、どのようなAIモデル（データを評価・判定するための処理ロジック）が適切であるかを提案します。プロジェクトで使うAIモデルの原型（プロトタイプ）ができるまでの工程に深く関わります。

どのAIモデルが適切かを判断するために、どのようなデータがどのくらい必要か、データの取り方、AIモデルに入力するデータの処理方法などを検討します。収集したデータは、そのままAIモデルに使うことができないことも多いため、学習（P.112参照）に使えるようデータを整備するのも仕事の1つです。

前節で説明したように、企業やプロジェクトによっては、AIエンジニアがデータサイエンティストを兼ねる場合があります。

●プログラマ

プログラマは、実際にAIシステムのプログラムを作る人です。会社やプロジェクトによっては、AIエンジニアが自らシステムの実装を行うこともありますが、ある程度規模の大きいシステムの場合は、AIエンジニアがシステム全体を設計して、プログラマに開発を依頼します。また、プログラマは**バックエンド**と**フロントエンド**の担当に分かれます。開発されたシステムのテストには、AIエンジニアも携わります。

①バックエンド担当

サーバサイドやデータベースなど、AIモデルを組み込んだ処理部分の実装作業をするプログラマです。データサイエンティストが考案したロジック（AIモデル）を、実際に動くように組み込んでいきます。インフラエンジニアと連携して、顧客の既存のシステムにAIシステムを結合する工程にも関わることがあります。

②フロントエンド担当

ユーザーインターフェイスを作るプログラマです。Webページやスマホアプリなどを作ります。従来のプログラミングと大きく変わりませんが、大量のデータをどのように扱うか、データをいかに見やすく表示するかなどが、AIシステムに特有のものとして求められます。

●インフラエンジニア

インフラエンジニアは、稼働するサーバやネットワークなどを構築する人です。作成するAIシステムが顧客に満足してもらえる速度で動くよう、インフラに必要なリソースの選定、設計などを行います。

最近はクラウド、コンテナ化、マイクロサービス、並列処理、スケールアップ、サーバレスコンピューティングなど、インフラ技術も多様化・高度化しているので、幅広い知識が必要です。逆に、顧客がオンプレミス（自社の設備）での運用を希望すれば、それに対応する技術も必要です。

AIシステムは、従来のシステムに比べて扱うデータ量が多く、計算能力（CPUやGPUの性能）も多く必要とします。インフラ構築にあたっては、こうした点も考慮する必要があります。

■ AIエンジニアとプログラマとインフラエンジニア

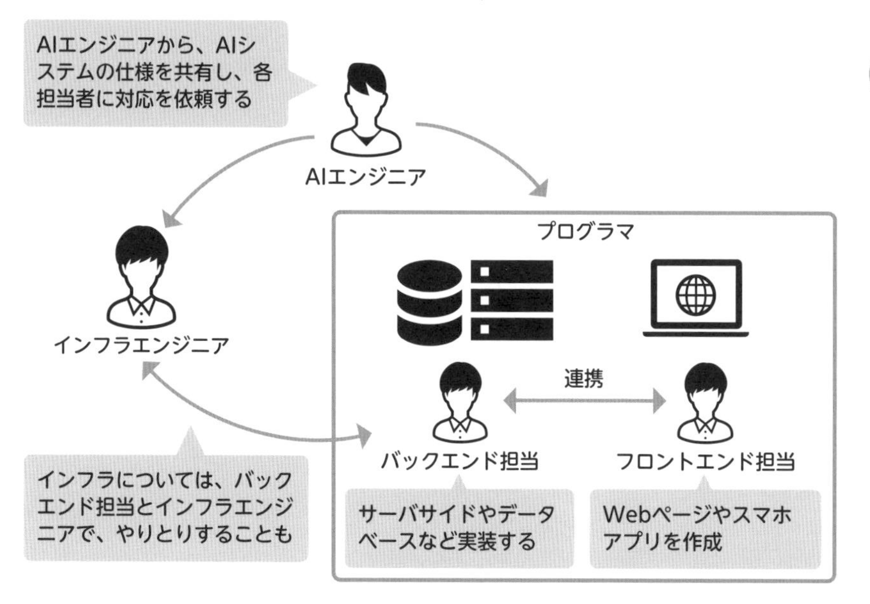

まとめ

- AIプロジェクトはAIエンジニアのほかに、プロジェクトマネージャ、プランナー、データサイエンティスト、プログラマ、インフラエンジニアが関わる

06 AIシステム開発の全体像を把握する

前節で紹介した人々が連携しながら、AIシステムの開発が進められます。ここでは、AIシステム開発の大まかな流れを紹介します。

システム開発の流れ

AIシステムの開発は、大まかに以下の4つの工程に分かれます。通常のシステム開発と大きく変わりませんが、**PoC(概念実証)**という工程が入るのが特徴です。詳細は第5章であらためて解説しますが、ここでは全体の流れを把握しておきましょう。

■ AIシステム開発の流れ

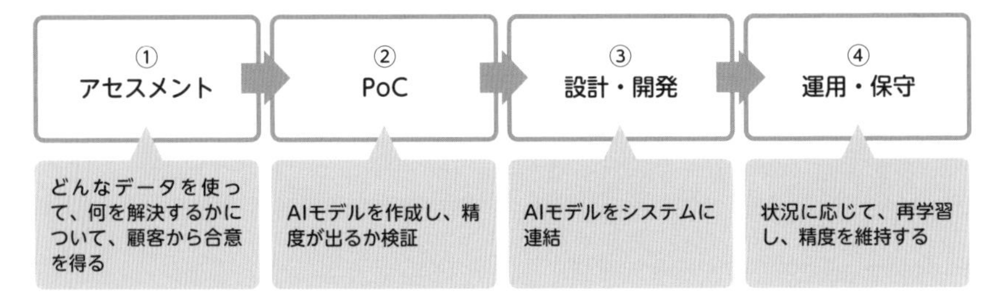

①アセスメント

アセスメントとは、「客観的に評価する」という意味です。

最初の工程では、営業(ビジネスコンサルタント)が、顧客から「AIを用いてこんなことがしたい」という依頼を受けますが、それは漠然としたもので、何をゴールとするかが明確ではありません。そこで総合的な評価をして、どんなデータを使って何をAIで解決するのかというところまでを形にします。

アセスメントの段階で、どこまでがAIシステムで実現できるのか、何ができないのか、AIシステムをどのように運用するかを、顧客と合意しておく必要があります。アセスメントだけで1~2ヶ月かかることもあります。

② PoC

PoCとは「Proof of Concept（概念実証）」の略語で、「ピーオーシー」や「ポック」と呼ばれます。産業界で広く使われている言葉で、「試作品を顧客に見せ、本製品の開発へ進むかどうか決める」ことを意味します。

動作の核となるAIモデルを作成し、コンピュータ上で動作させて、顧客が期待する動作が得られているかを見ます。AIシステムの多くの場合は、「予測の精度が十分高いか」が検討事項になります。AIシステムのように決まった完成イメージのない製品では、このPoCまでの工程がとても重要です。PoCの段階で実現不可能と見解が立てば、プロジェクトを中止することもあります。

③設計・開発

PoCが完了したら、AIモデルをシステムに連結します。この段階は、従来のITシステム開発と、ほとんど変わりません。

④運用・保守

運用・保守とは、AIシステムが正常に動作し続けるように管理することです。必要以上の負荷がかかっていないか監視し、非常時に備えて定期的にデータのバックアップを行います。有事の際には、早急な復旧が求められます。

またAIシステムならではの作業として、AIモデルの予測や分析結果の精度を保つためのAIモデルの再学習（P.200参照）があります。AI システムの性質によっては、稼働しながら裏で再学習できるものもあれば、再学習のために稼働を中断しなければならないものもあります。

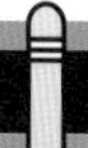

まとめ

- **AIシステムの開発は、アセスメント、PoC、設計・開発、運用・保守という4つの工程に分かれる**
- **AIシステムの開発では、試作品を作って評価するPoCまでの段階が重要**

07 PMの仕事と役割

PMはAIプロジェクトの司令塔です。AIに関する幅広い知識が必要なのはもちろん、AIプロジェクトならではの仕事の進め方も検討しなければなりません。

PMはプロジェクト全体を統括する

ITプロジェクトでは、PMにも自分の管理しているプロジェクトの技術的理解がある程度必要です。PMにエンジニアとしての知識・スキルがあれば、よりよい成果が期待できます。そのため、AIエンジニアからPMになることや、AIエンジニアがPMを兼ねる場合もあります。

PMの業務は多岐にわたりますが、中でも重要なのが**プロジェクトチームのマネージメントと顧客対応**といえます。

プロジェクトチームのマネージメント

マネージメントとは、人や時間、お金などの使い方を考えて物事を進めることです。

ITプロジェクトは、メンバーの数が100人、1000人単位になることもありますが、AIプロジェクトの場合、こうした大所帯ではなく数人〜数十人程度の規模で、1人のAIエンジニアが複数のプロジェクトを同時に進めていくことがほとんどです。

そのため、メンバーがそれぞれ主な役割を持ちながら、お互いを補佐し合うことが必要になります。PMは、状況に応じて、どういった人が何人必要なのか見極めながらメンバーを調整します。

■チームメンバーの管理

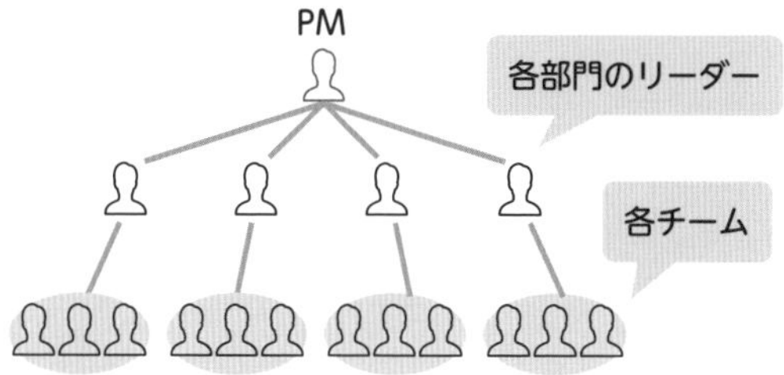

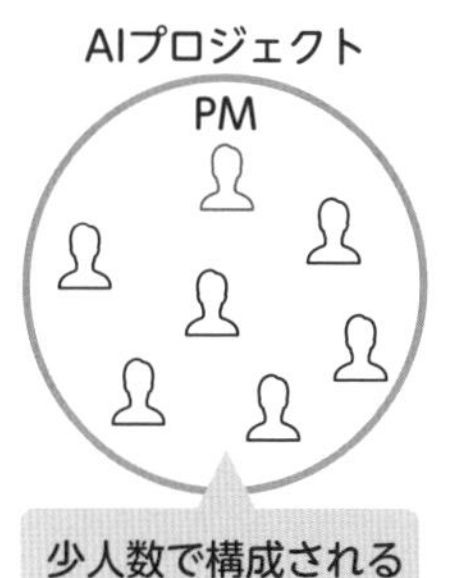

顧客対応

PMはプロジェクトの代表として、顧客とのコミュニケーションが多々発生します。

AIシステム開発に求められるのは、顧客に利益を提供できるかどうかです。精度の高いAIモデルを作るだけでは不十分で、顧客の要望や実情に合わせた対応が求められます。

また、AIプロジェクトの進め方は確立していないため、顧客のプロジェクトに対する理解が不足していることが少なくありません。そこで顧客と直接関わるPM側から、さまざまな提案をする必要が生じます。とりわけ学習に利用できるデータを集めるために、データの取り方や、今までは人が経験で判断していた内容を数値化・マニュアル化する方向に提言することもあります。そのためには、データサイエンティストやAIエンジニアと相談しながら、PM自身が顧客に何をどう提案するか考えていく必要があります。

まとめ

- **AIプロジェクトを統括するPMには、AIに関する知識やスキルが必要**
- **PMが行う業務の中で、プロジェクトチームのマネージメントと顧客対応の重要度が高い**

08 自社開発と受託開発

開発には、社内主導で自由に行う「自社開発」と、他社からの依頼で開発する「受託開発」があります。AIシステム開発でも両者ありますが、仕事の進め方や重視する点が異なります。

自社開発と受託開発

自社開発とは、自社でシステムを開発することです。開発したシステムを自社のために使うほか、作ったシステムを製品やサービスとして他社、もしくは直接エンドユーザーに提供することで利益を上げることを目的とします。

これに対して**受託開発**とは、他社のシステム開発を請け負うことです。つまり、顧客がいて、その顧客が使うためのシステムを構築します。顧客からシステム開発の依頼があるまで待つだけでなく、営業担当者やエンジニアが売り込みに行くこともあります。

■ 自社開発と受託開発

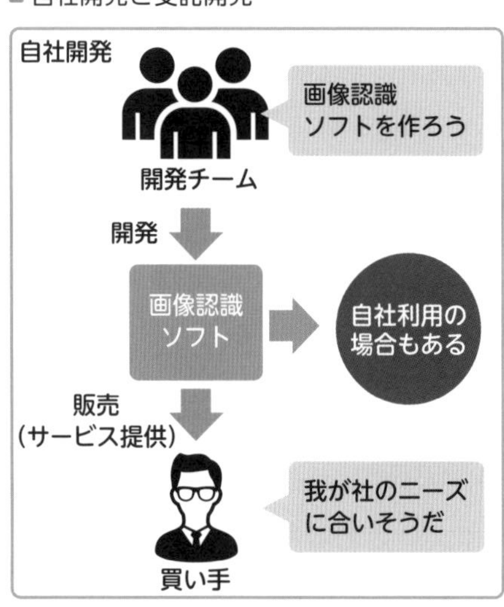

自社開発と受託開発の違い

自社開発と受託開発の違いは、決定権の所在です。

自社開発では、何を作るのか自社でアイデアを出し、システムやサービスを作ります。自社のみで完結するため、開発スケジュールの調整もしやすいといえます。作りたいものを作れる反面、必ずしも収益が上がるとは限りません。

もう一方の受託開発は、顧客の要望を叶えることに重きを置きます。顧客の要望に合わせたサービスやシステムを検討し、定められた予算・期間内に作る必要があります。自由度は低いですが、システムやサービスを作って納品することで必ず収益を上げられます。

AIシステムの開発も自社開発と受託開発がありますが、本書では受託開発をメインに説明していきます。

■ 自社開発と受託開発の違い

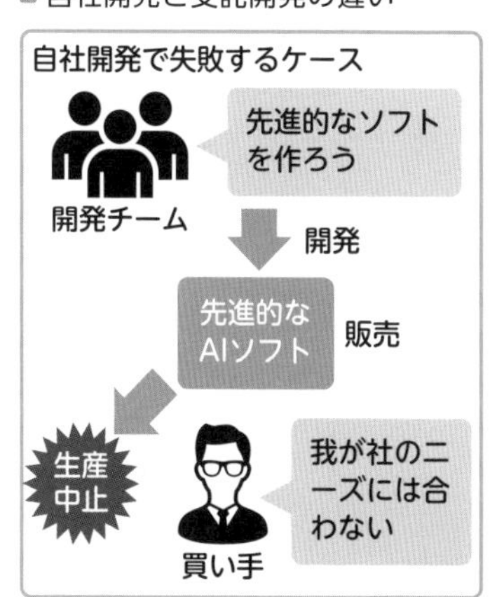

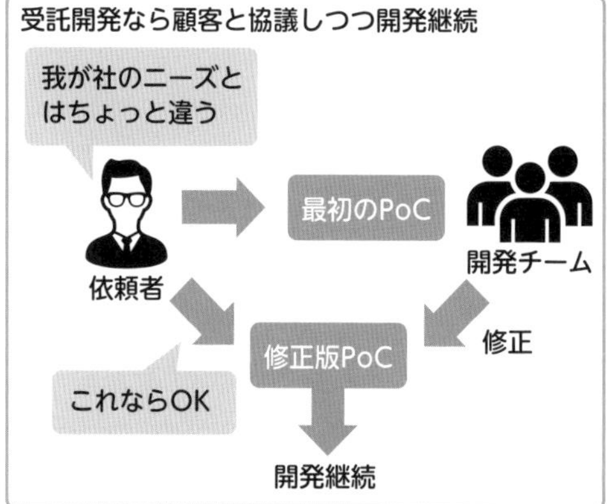

まとめ

- 自社開発は自由度が高いが、収益が上がらないこともある
- 受託開発は自由度は低いが、製品を納品すれば必ず収益が上がる
- 受託開発は顧客の要望を満たすことが大切

09 AIシステムの頭脳

AIシステムの一番重要な部分は、頭脳となるAIモデルです。AIモデルはデータサイエンティストが中心となって作りますが、どのような工程で作られるのでしょうか。本節では大まかな流れを説明します。

AIシステムの頭脳はAIモデル

AIシステムの中枢となる部分は、AIモデルです。いわば、AIシステムの頭脳ともいうべき部分で、データサイエンティストが開発を担当します。**AIモデルはある事象のアルゴリズムを数式で表し、与えられたデータから、分析や予測などの結果を出力します。**

AIモデルを作るには、**機械学習**と呼ばれる手法を用います。機械学習とは、機械（コンピュータ）に大量のデータを学習させ（読み込ませ）、データの特徴やパターンを見つけ出すことで、分類や予測をさせる技術です。機械学習にはいくつかの手法があるため、データサイエンティストがAIシステムで実現したいことに合わせて手法を選択します。また、データからどの特徴をもとにAIモデルを作るのか（人のデータであれば年齢、性別、身長、体重、居住地などの中からどの特徴を用いるのか）を決めたり、データ群に正規化や正則化のような変換を加えたり、データがどのように分布しているのかなど、さまざまな仮説を立てていきます。

AIモデルについては第5章以降で詳しく説明していますので、本章では大まかな作成の流れを理解しましょう。

AIモデルを作る工程

よいAIモデルとは、「高い精度で予測や分析ができるモデル」です。では、高い精度を出せるAIモデルはどのように作っていくのでしょうか？

まず出発点として、予測や分析したいデータを集めます。集めたデータを広く知られている手法や、学習済みのAIモデル、公開されている認識サービスなどにそのまま当てはめてみて、どのくらい精度が出るかを試します。

ここで精度が出ればよいのですが、残念ながら大半の場合は実用的な精度を確保できません。そこで、結果にもとづいてAIモデルを改善していきます。

■AIモデルを作る工程

よいAIモデルは正しいデータから

AIモデルの作成は、データの収集から始まります。

●検品作業のAI化で見るデータの例

例えば、製品のキズをチェックする「検品作業」をAIシステムで行うとしましょう。これまでは熟練したスタッフが長年の経験とカンでやっていたキズの発見を、画像認識で行うのが目標です。このとき、どのようなデータが必要でしょうか？

①データの条件

画像認識なので、製品の画像が必要です。どのくらいの解像度で撮るのか、白黒かカラーか、製品をどの距離・角度で撮るのか、露出やそのほかの撮影条件など、データサイエンティストを中心に検討します。

②データの評価

次に、用意した画像データをどう評価するか整理します。例えば、何ミリのキズがどこにいくつあれば不良品とみなすのかなどです。このような評価法の確立については、顧客の検査基準まで立ち入る必要も生じます。

③データの数

画像データが何枚必要なのかも検討すべき課題です。鮮明で情報量の多い画像であれば少なくてもよいかもしれませんし、逆に品質の悪い画像でも、とにかく大量に撮れるという場合もあるかもしれません。

■熟練工の技術をAIモデルで再現する

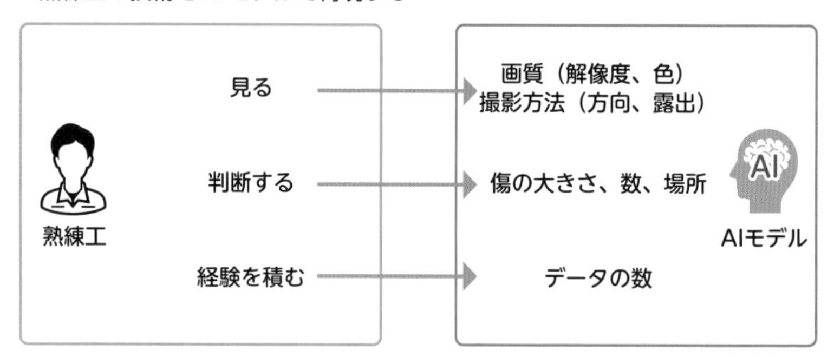

いかに必要なデータを収集できるか

顧客とのコミュニケーションはPMが中心となって対応しますが、必要なデータを採取する交渉などは、AIエンジニアやデータサイエンティストも関わります。PMと相談しつつ、顧客の要望と実情を考慮したデータの収集法を取り決めていきます。

顧客の都合で、どうしても十分な数のデータが取れないときや、データが含む情報に欠損があるときは、得られた実際のデータをもとに欠けたデータを補完したり、人工的にデータを合成してAIモデルの精度を上げたりするなどの解決法を採ることもあります。

作成したAIモデルはシステムに組み込まれる

AIモデルを作成したあとは、AIエンジニアが中心となってシステムにAIモデルを組み込んでいきます。

APIなどでシステムとAIモデルをどうつなぐかを整備するほか、パフォーマンスチューニング、例外やセキュリティへの配慮、既存のシステム（サーバやデータセンター、フロントエンドアプリケーションなど）との連携などを行っていきます。

AIモデルにどういったデータが必要で、どういった結果が出るべきなのか仕組みを理解していなければ、「実装してみたら意図しないものになった」ということにもなりかねません。そのため、実装・運用が中心のAIエンジニアであっても、AIについて積極的に学習・研究をしていく必要があります。

数理モデル

数理モデルとは、現実世界での事象を方程式などの数式で表現したものです。AIシステムに用いるモデルも数理モデルに該当しますが、本書ではAIモデルという表記に統一しています。また、単にAIと記述している箇所は、人工知能を実現する技術全般を指しており、AIモデル（数理モデル）を作るための機械学習もその1つです。

まとめ

- **AIモデルはAIシステムの頭脳で、データサイエンティストが作成する**
- **よいAIモデルの作成にはデータの収集と整備が不可欠である**
- **作成したAIモデルは、AIエンジニアが中心となってシステムに組み込んでいく**

10 AIモデルの作成とプログラミング

AIモデルにどのような処理をさせるかは、すでにさまざまな手法が提唱されています。データサイエンティストは、データの性質を考えてモデルを選び、プログラムを作っていきます。

AIモデルのアルゴリズム

アルゴリズムとは、ある問題や課題を解決するための一連の手順や計算方法のことです。AIモデルのアルゴリズムは、分類や予測したいデータによって変わります。ここで概要をつかんでおきましょう。

●データを客観的な数値にする考え方

非常に簡単な例として、「天気と来客数」というデータが次のような形で集まったとします。

('晴れ', 100), ('くもり', 70), ('雨', 50)....

しかし、「天気と人数」というデータを処理できるAIモデルはありません。「天気」や「人」という特定の概念を取り払って、数値のみで表せる形に変えます。

まず考えるのは、「晴れ、くもり、雨」の数値化です。1つの方法として、晴れを1, くもりを2, 雨を3として、2次元のベクトルで表してみましょう。

(1, 100), (2, 70), (3, 50)

しかしこれでは、「雨の値が晴れの値の3倍である」という実際にはない情報まで入り込んでしまいます。

もし最初から、「晴れがよくて、雨はダメ、曇りはまぁまぁ」という前提でモデルを作りたいのであれば、晴れを1、曇りを0、雨を-1と表すのもよいでしょう。

一方、客観的にデータを分析したいのであれば、天気を晴れ、曇り、雨の3つの次元に分けて、4次元のベクトルにします。1つ目を晴れ、2つ目を曇り、3つ目を雨、そして4つ目の次元で人数を表します。該当する天気の次元のみ1にして、ほかの天気の次元は0にします。すると、次のように表せます。

(1, 0, 0, 100), (0, 1, 0, 70), (0, 0, 1, 50)

今度は、前の3つの次元が0か1かなのに、最後の次元が100や50といった大きな値になっています。誤差やモデルのスケール上、不釣り合いな状態です。

この場合データを正規化して、0から1の範囲に収めるという方法があります。しかし、50人と52人の差は無視する、来客数が40人を下回ったら失敗とみなすなどの観点から、先の3件のデータを以下のようなベクトルにすることもできます。

■データの特徴を0と1だけで表現

晴れ	曇り	雨	100人以上	99-70人	69-40人	39人以下
1	0	0	1	0	0	0
0	1	0	0	1	0	0
0	0	1	0	0	1	0

こうすると「晴れの日の来客数は100人」というデータが、7次元のベクトルで表現できるようになります。

(1, 0, 0, 1, 0, 0, 0)

実は、上記のような「0と1の2値からなる多次元のベクトルを処理するモデル」はすでに確立されているので、既存のAIモデルをそのまま（もしくは改良して）作っていくことができます。

現実世界のデータの表現方法は、多種多様で正解はありません。表現方法によって精度が変わってくることもあります。精度がよくなるよう、どのように表現するのかを考えるのもデータサイエンティストの仕事です。

◎既存のAIモデルを使う

AIの分野には、先人が確立した多様なAIモデルがあります。どれを使うのかは、「既存のデータから作ったAIモデルを使って、新しいデータをどう処理したいのか」によって決めます。代表的なAIモデルには、次の4種類があります。

●分類モデル

データがどのグループに属するかを予測します。例えば、「このメールはスパムか、非スパムか」「この会社との契約は有望か、困難か」というような「どちら（どれ）」に属するかを決定します。「スパムであれば、スパムフォルダに放り込む」など、分類して実行（フォルダ分け）という処理が実現できます。

●回帰モデル

データから相関関係を割り出し、与えられたデータを分析します。例えば、「このメールアドレスからのメールがスパムである確率は何パーセント」「この会社と契約が成立する確率は何パーセント」のような形で結果が与えられます。「スパムの確率50%は棄却」など閾値を設ければ、分類モデルにもなります。

●クラスタ分析

クラスタとは、群や集団という意味があります。たくさんのデータをいくつかのグループに分けたいときに利用します。とある商品がどの層に人気かという調査をしたとき、20代女性で学生、20代女性で社会人、30代女性で主婦など共通項目からグループに分けます。

このように、データの分布に基づいてグループ分けする作業を**クラスタリング**と呼びます。

●ニューラルネットワーク（ディープラーニング）

複雑な画像認識や言語処理では、**ニューラルネットワーク**と呼ばれるモデルを用います。

現在では、画像認識には畳み込み系ニューラルネットワーク、言語処理には長・短期記憶ニューラルネットワークなど、分野に合わせたネットワークの組み方が考えられています。

学習済みのAIサービスを使う

AIを用いる目的・分野が絞られており、大量の注文や質問をさばく人的負担を減らすというだけであれば、独自のAIモデルの開発をせずに既存の製品やサービスを分析や予測の処理に用いて、入出力周りを工夫するだけで済ませるプロジェクトが用意されています。

● AIのためのライブラリやクラウドAPI

画像認識、分析、識別、OCR処理、音声のテキスト化、翻訳など汎用的なAIは、ライブラリやクラウドで広く提供されています。

Google Vision AI

https://cloud.google.com/vision

■ Google Vision AI

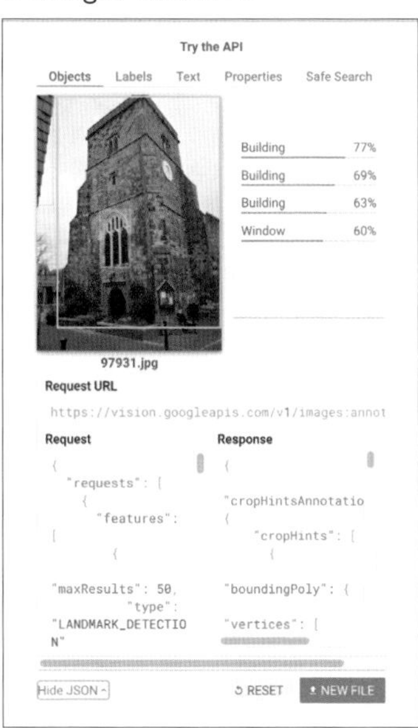

トライアル（試用）で画像分析ができる。画像をアップロードすると、何が写っているかや、色や雰囲気などについて分析してくれる

Microsoft Azure Cognitive Services

https://azure.microsoft.com/ja-jp/services/cognitive-services/

■Microsoft Azure Cognitive Services

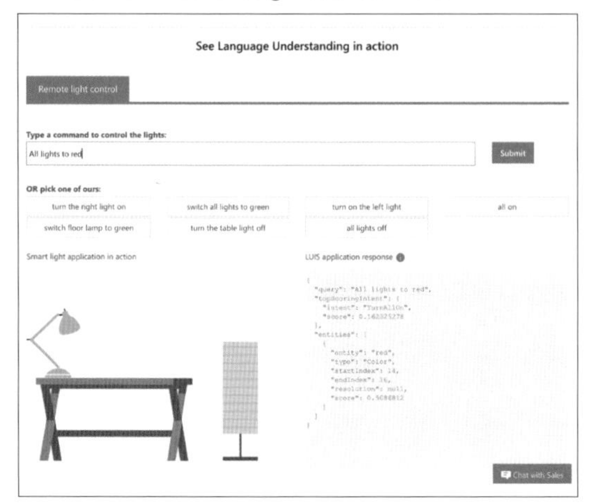

Language Understandingを使うことで、自然言語の分析し会話ができるチャットボットの作成ができる

NTT ドコモ 対話・画像解析 API

https://dev.smt.docomo.ne.jp/

■NTT ドコモの音声認識APIの説明図

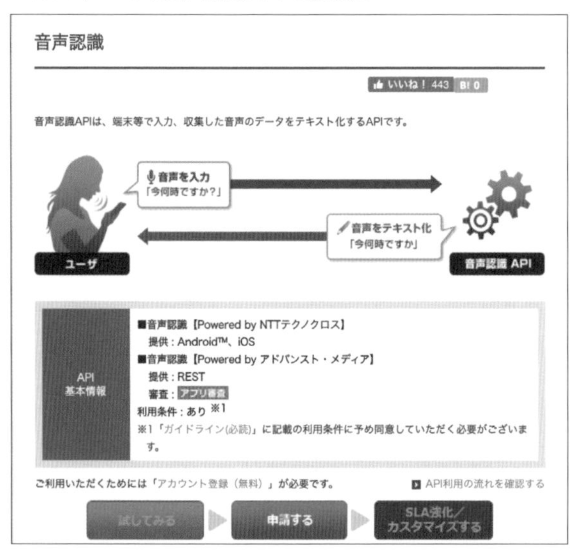

入力した音声データからテキストを出力できるAPIが利用できる

これらのAIサービスを利用したプログラムは、APIを通じてサービスやライブラリに接続して必要なデータを送るだけです。こうしたサービスを使う場合も、利用者がデータ入力や結果を受け取るWebページやアプリケーション、利用者とAIサービスをつなぐWebサーバなどを用意する必要があります。AIエンジニアが自ら開発することもありますが、ほとんどはAIエンジニアが仕様書をまとめ、フロントエンドエンジニアやバックエンドエンジニアが実際にプログラムを書くような開発作業を行います（P.192参照）。

■ AIサービスを使う構成図

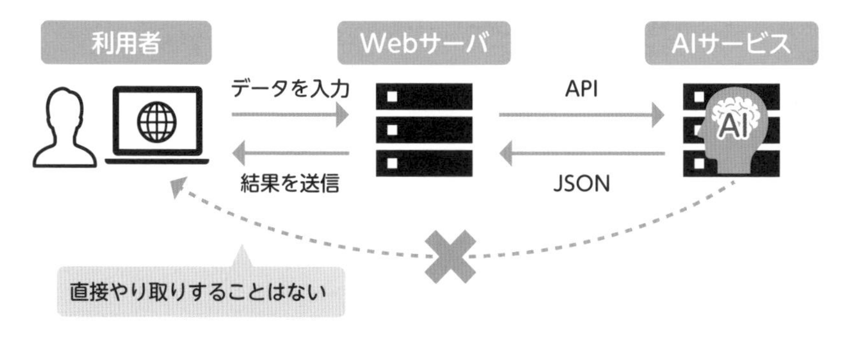

まとめ

- AIモデルの作成には、データの整備方法の検討が重要
- 使用するデータよって使うAIモデルが変わる
- 公開されている学習済みのAIモデルやAIサービスを利用することもできる

11 AIシステムの導入事例

もう一歩具体的に、ビジネスシーンへのAIシステムの導入事例を説明します。既存のサービスにAIシステムを導入する例と、新しい付加価値を生み出すためにAIシステムを活用する例に分けて紹介します。

既存のサービスにAIシステムを導入する

既存のサービスにAIシステムを導入する場合、人の判断や作業の一部もしくはすべてをAIシステムに置き換えて、何らかの成果（人員削減や時間短縮など）を上げることが目的です。例えば、次のような事例が考えられます。

●事例1：コールセンターの人手不足解消

ある機器の故障に関する問い合わせ対応を行うコールセンターの事例です。通常、コールセンターでは「どこが壊れた、何が動かない」という顧客からの問い合わせを、オペレーターが電話でヒアリングします。この情報を元に原因を特定し、解決策の提案やサービスマンを派遣する対応などを行います。

ここで、オペレーターにすぐつなぐのではなく、音声認識によるAIシステムの応答を挟むと、簡単な問題ならAIシステムの対応だけで解決できるようになります。AIでの対応が難しい場合のみオペレータにつなげば、人手不足解消の助けになります。

■ 音声認識での初期対応

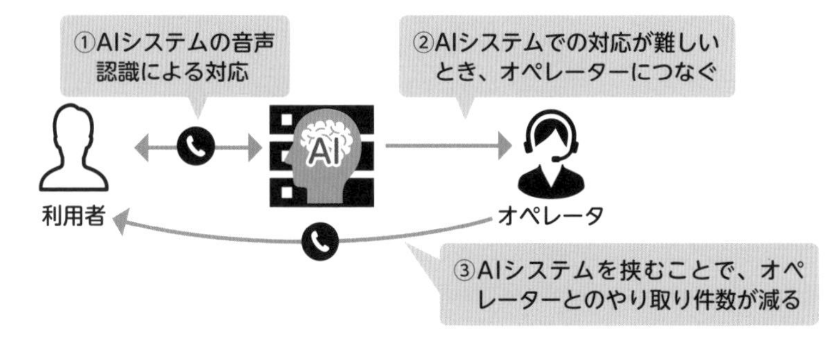

●事例２：破損部の判定

水道管や油圧機器といった装置の配管部門にも、AIシステムが導入されています。通常は配管が破損したとき、機械設計士が亀裂の大きさなどから修理方法を判断して、修理工に指示します。この判断を画像解析・AIに置き換えることで、担当者が不在の場合でも判断が遅れることがないようにします。

■破損部の判定

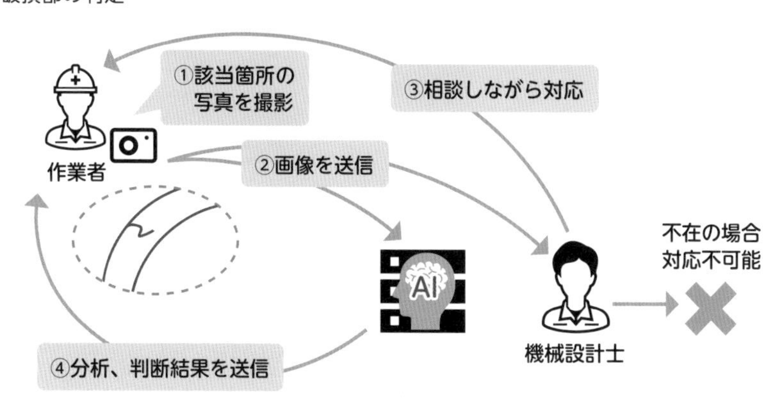

サービスを受ける側からこれらの事例を見ると、「コールセンターに電話→問題が解決できた」「破損箇所の写真を会社に送付→修理法の指示を受けた」というフローは、AIシステム導入以前と変わりません。一方のサービスを提供する側から見ると、担当者が人からAIシステムに変わっています。

○新しい付加価値を生み出すためにAIシステムを活用する

既存のサービスで新しい付加価値を生み出すため、AIシステムを追加することもあります。

●事例１：データの「分析」から「予測」までをAIに任せる

あるショッピングサイトでは、これまでは顧客の特性（年齢、性別、趣味など）と購買履歴の関係について、コンピュータで分析しています。しかし実際の販売戦略・受注判断などは、分析結果のグラフなどを見ながら人が企画会議で検討していました。

こうした現場でAI システムを導入すれば、これからのセールスの予測やテコ入れすべき商品、開発すべき顧客層などの提案までをAI に任せられるようになります。その結果を基に人が会議で判断すれば、企画の展開が迅速になり、意思決定者の負担軽減も期待できます。

■蓄積されたデータから予測を立てる

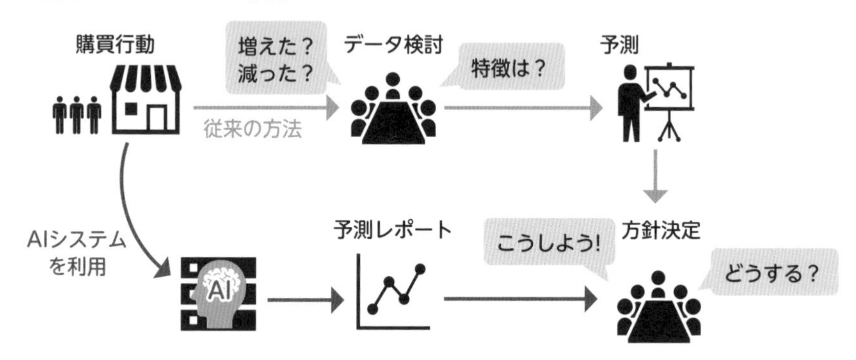

●事例 2：記事の「入力」と「投稿」の間に AI を導入し、添削する

Webページに載せる商品やイベントの紹介、プレスリリースなどを経験の浅い社員が書く場合、文法や言葉の使い方を間違えたり、要旨がはっきりしなかったりと、掲載した効果が大きく減少する恐れがあります。

そこで、これまで掲載されてきた記事をもとに、「記事入力フォーム」のあとに「AIシステムによる添削結果」を挟んで、添削結果を書き手に確認してもらってから投稿する流れに変えました。よりよい記事を投稿でき、かつ新入社員の教育にもなります。

■記事の添削

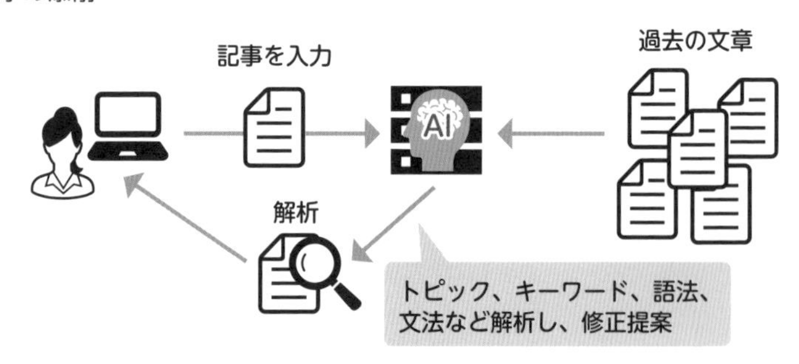

●事例 3：入力や選択方法への AI の導入

AIシステムはユーザーインターフェイスにも導入でき、操作性を高める可能性も秘めています。

例えば、ユーザーが商品検索をするとき、キーワードや選択肢からではなく、ユーザー側から欲しい商品に近い画像をアップロードしてもらうなど、入力方法を変更することが考えられます。この場合、AIシステムの観点からユーザーに適切な検索操作をしてもらえるように、Webデザイナーと相談しながらインターフェイスを作っていきます。

■ ユーザーインターフェイスの操作性を高める

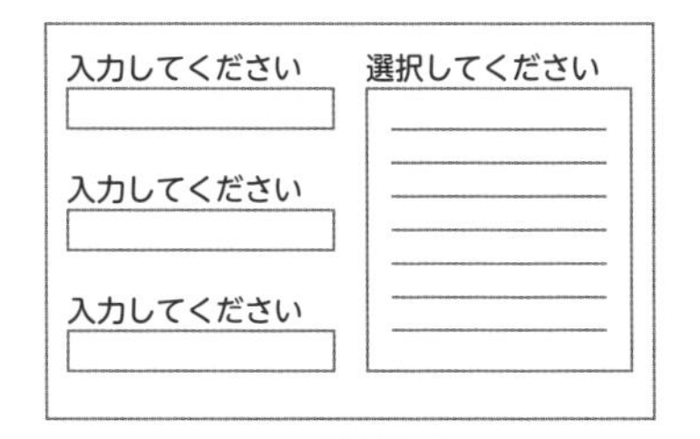

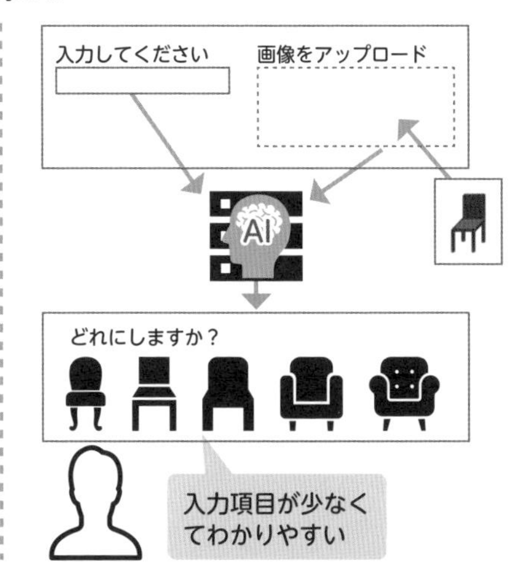

まとめ

- AIシステムを導入する目的には、「人の負担を減らす」と「新しい価値をもたらす」がある
- 人の負担を減らす場合、最終的な結果は導入前と変わらない
- 最終的には人が行う意思決定をAIシステムが補助することで、人の負担や意思決定までの時間を削減できる
- ユーザーインターフェイスにAIシステムを導入し、操作性を高めることも期待される

センサとは何か

センサは、ある物体や事象の状態を計測し、信号に変える機器です。また自ら通信できるセンサは、IoT機器に該当します。

AIシステムのデータ収集に、センサはなくてはならない存在です。センサにはさまざまな種類があり、代表的なセンサは次の表の通りです。

■センサの種類

種類	用途
加速度センサ	加速度とはある時間単位で、どれだけ速度が変化したかの割合を表したもの。物体の移動速度を計測するのに用いられる
ジャイロセンサ	回転角度を測定する。スマートフォンを横に傾けたとき、画面が横表示に切り替わる仕組みに使われている
圧力センサ	かけられた圧力や圧力をかけてその反発を感知して計測する。血圧測定器では、腕を圧迫したときの反動から血圧を計測する
温度・湿度センサ	温度や湿度を感知して測定する。温度管理が必要な工場や冷蔵庫などで用いられる
水位センサ	ある地点からの水面の高さを計測する。水量を管理する工場やダムなどで用いられる
超音波センサ	超音波を検知する。また超音波を出して、物体に当たって反射された超音波を受信する。反射された超音波から、物体との距離や物体に破損があるかどうかなどを検知できる
光センサ	光を検知する。自動ドアには広く光センサが採用されており、光を出して人が通ったときに光が遮られることで、ドアが開く仕組みになっている

3章

AIエンジニアの求人状況と働き方

AIエンジニアの求人や労働環境はどういう状況なのでしょうか。実際の求人情報から現状を読み解いていきます。また、AIエンジニアとして活躍している方々のワークスタイルも紹介します。

12　AIエンジニアの転職市場

AIエンジニアになる道筋はいくつかあると前章で紹介しました。すでにITエンジニアとして活躍している人は、転職市場に注目していることでしょう。ここでは、AIエンジニアの転職市場がどのような状況なのかを説明します。

IT企業のAI人材の獲得方法

下記のグラフは、IT企業がどのような方法でAI人材を確保しているのかを表しています。もっとも多いのは「社内の人材を育成」で、その次に「即戦力として中途採用」が多くなっています。AI人材を中途採用するにも、どういったスキルが必要なのか、どれくらいの人数が必要なのかを把握するAI人材が必要です。また、従来のシステムにAIを取り入れる場合、そのシステムの開発に携わっていた人材が、AI技術を身に付けるケースもあります。

そのため、「社内の人材を育成」とともに「即戦力としての中途採用」という方法で、AI人材の確保を進めているものと考えられます。

■IT企業のAI人材の獲得方法【従業員規模別】

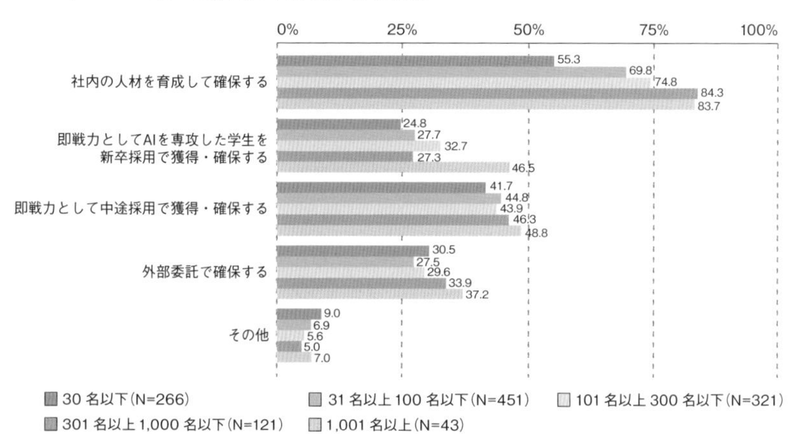

出典：IT人材白書2019 IPA

ITエンジニア全体から見たAIエンジニアの求人

下図は、IT企業におけるITエンジニアの中途採用募集から見た、AIエンジニアの募集割合を示すグラフです。AIモデルやAIシステムの開発、および機械学習に関連した募集をAIエンジニアの求人と見なしています。AIエンジニアの中途採用募集は、年々増えてきていることがわかります。2013年頃にはエンジニア全体の1%にも満たない募集でしたが、2018年には全体の3%の割合を占めるほどになっています。2019年は少しピークが過ぎ3%を下回っていますが、この先数年は3%前後を保つ見通しです。

■ITエンジニア全体に対するAIエンジニアの募集割合

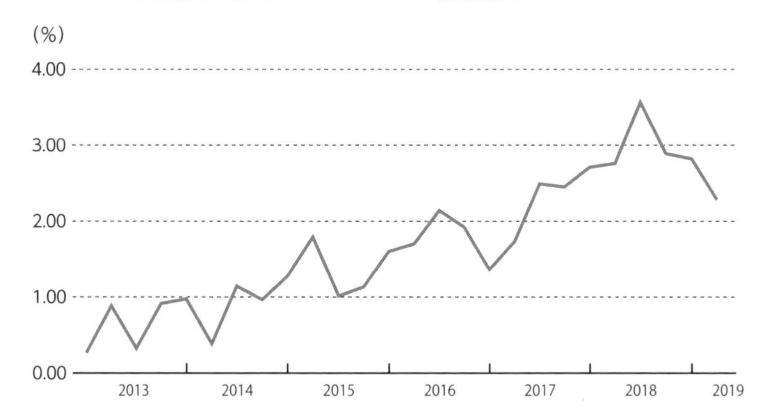

IT系人材会社提供

ITエンジニアとは

ITに関わる技術者を総称して「ITエンジニア」と呼ぶことがあります。細かく分類すると、システムエンジニア、プログラマ、Webエンジニア、組み込みエンジニア、IoTエンジニアなど、多岐にわたります。

求められているAIエンジニア

実際の求人倍率を見てみましょう。求人倍率は、1を基準とします。1倍未満は、求人数（募集人数）に対して、求職者数（応募者数）のほうが多いことを表します。ITエンジニア全体とAIエンジニアを比較すると、上下の変動に少し違いが見られるものの、2018年中頃まで求人倍率が上がっているのは同じです。

2017年中頃から2018年にかけては、ITエンジニア全体よりAIエンジニアの求人倍率が高くなっているため、AIエンジニアが求められていることがわかります。2018年末から2019年で倍率が低下していますが、P.55の募集割合の低下と求人倍率の低下に差が見られることから、AIエンジニアになりたい人が増えたことも要因の1つと考えられます。

■ITエンジニア全体とAIエンジニアの求人倍率

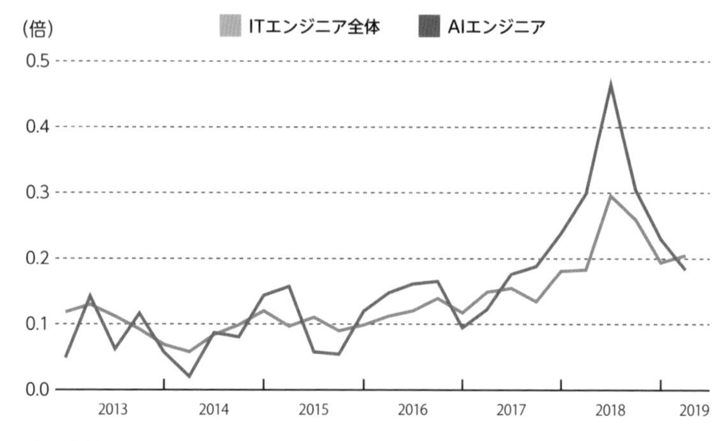

IT系人材会社提供

求人企業の従業員規模

ITエンジニアを擁する企業全体と、AIエンジニアの求人を出している企業の従業員規模を見てみましょう。ITエンジニア全体では、99人以下が約52%、100〜999人が約39%、1000人以上が約9%となっています。対して、AIエンジニアは、99人以下が約55%、100〜999人が約33%、1000人以上が約12%

です。大きな違いはありませんが、AIエンジニアへの求人はベンチャー企業のような従業員規模が比較的小さい企業に多い一方で、大手企業からの求人も高めの傾向を示しています。

■ITエンジニア全体とAIエンジニアの求人を出している企業の従業員規模

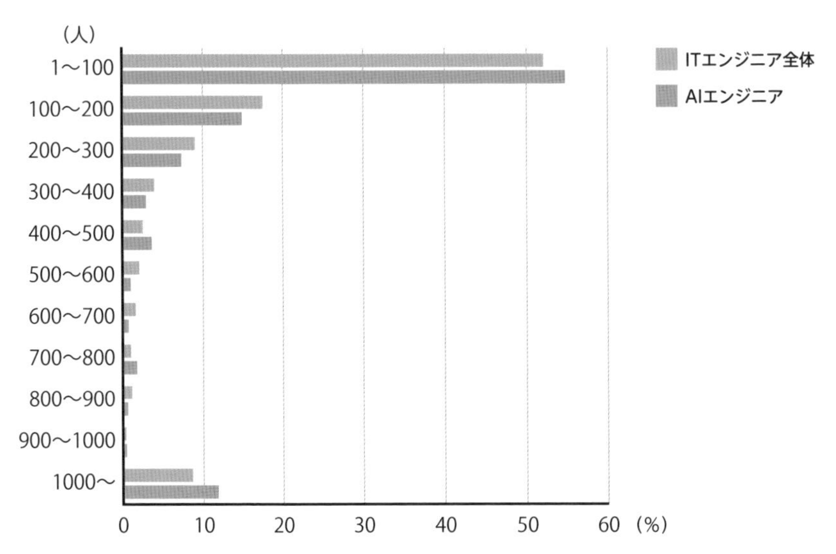

IT系人材会社提供

まとめ

- IT企業のAI人材獲得方法は「社内人材の育成」、次いで「中途採用」の割合が高い
- ITエンジニア全体の求人のうち、AIエンジニアの求人は約3%
- 最近のAIエンジニアの求人倍率の低下は、AI系への転職志望者増加を示している
- ITエンジニアよりAIエンジニアのほうが、従業員規模が小さい企業や超大手企業の求人が高めの傾向

13 AIエンジニアの労働条件

就職や転職を検討する上で、どれくらいの給与がもらえるかは重要なポイントです。AIエンジニアの給与を確認してみましょう。また、勤務制度についても簡単に説明します。

AIエンジニアは給与水準が高い

実際にAIエンジニアとして働くとき、どの程度の給与が得られるかは重要なポイントです。ITエンジニア全体とAIエンジニアの年収を見てみましょう。

■ITエンジニア全体とAIエンジニアの年収

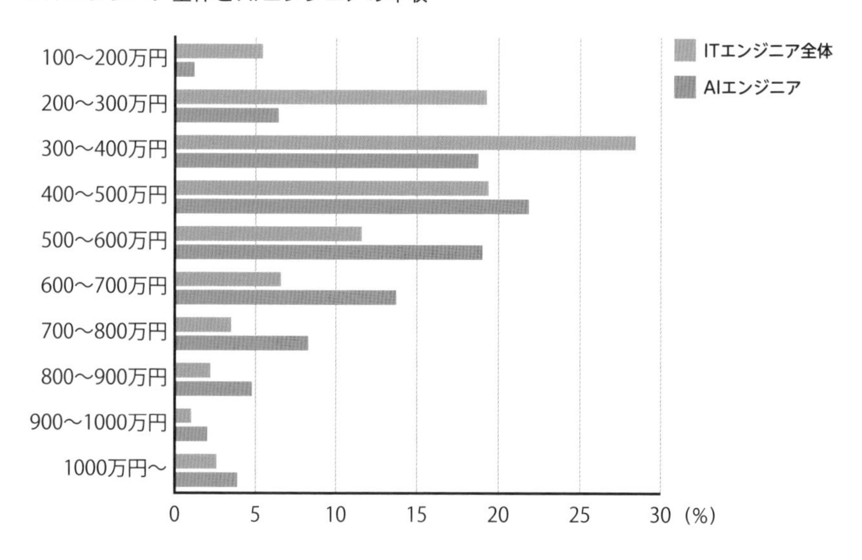

IT系人材会社提供

ITエンジニアの年収は、300万円〜400万円がもっとも多く、200〜300万円と400〜500万円がほぼ同数で続いています。対してAIエンジニアの年収は、400〜500万円がもっとも多く、次に500〜600万円、僅差で300〜400万円と続いています。700万円以上を比べると、ITエンジニアは約9%ですが、AIエンジニアは約19%にのぼります。ITエンジニア全体よりもAIエンジニアの給与が高水準であることがわかります。

勤務制度

固定時間制やフレックスタイム制などの勤務制度がありますが、企業や携わる業務によって違いがあります。土日は基本的に休日ですが、AIシステムの運用担当の場合は、土日でもシステムの監視をすることがあります。代表的な労働制度を3つ紹介します。

■代表的な労働制度

労働制度	概要
固定時間制	10:00～19:00など、決められた時間に働く
フレックスタイム制	1日8時間勤務など、決められた時間分働く。コアタイム（1日のうち必ず在社している時間）がない場合、出社と退社時刻は自由
裁量労働制	遅刻、早退といった概念はなく、出社すれば1日働いたとみなす（労働者の裁量で働く）。時間外労働という扱いにならないため、残業代は発生しない

まとめ

- **AIエンジニアの年収は、400～500万円の割合がもっとも高い**
- **ITエンジニア全体よりAIエンジニアのほうが給与水準が高い**
- **AIエンジニアの勤務制度は一般的な企業と大きく変わらない**

14 AIエンジニアの学歴と年齢層

実際にAIエンジニアとして働いている人材の学歴や年齢層はどういう状況なのでしょうか。ITエンジニア全体と比較しながら、AIエンジニアの学歴や年齢層を紹介していきます。

AIエンジニアは大学卒と大学院卒の割合が高い

ITエンジニアの最終学歴は「大学」がもっとも多く、次いで「専門学校・短大」「高等学校」という順になっています。対してAIエンジニアは「大学」がもっとも多く、次が「大学院」という順です。特に「大学院」は、ITエンジニアでは約5%のところ、AIエンジニアは約22%と高い割合であることが特徴的です。データサイエンティストやAIモデルを作成するAIエンジニアは、統計や数学の知識が必要なため、大学院で専門性を高めた人材が求められているようです。

■ITエンジニア全体とAIエンジニアの学歴

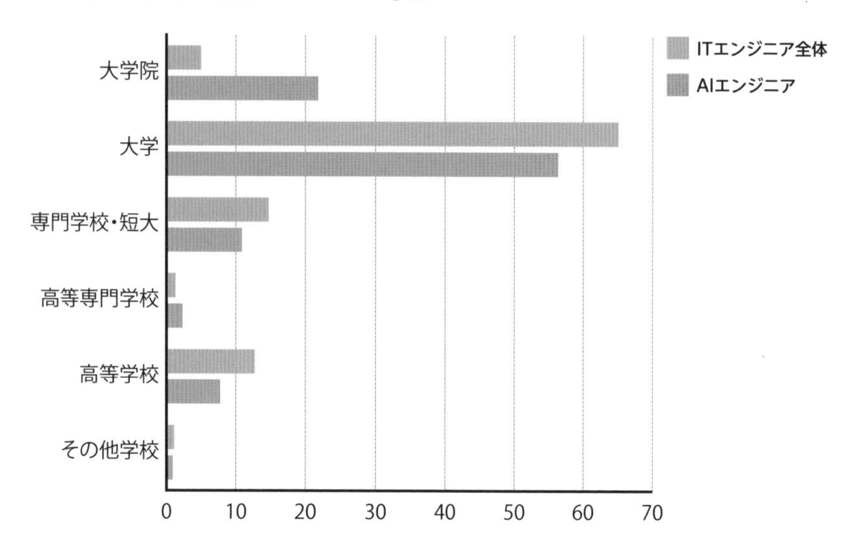

IT系人材会社提供

AIエンジニアは30代が中心

AIエンジニアの年齢層は、ITエンジニア全体と比べ大きく変わる点はありません。AIエンジニアは大学院卒が多いことから、ITエンジニア全体より若年層の割合が低めです。また、新しい分野であることからか、ITエンジニア全体より50歳以上の割合も低く、30代を中心とした年齢構成です。

■ITエンジニア全体とAIエンジニアの年齢層

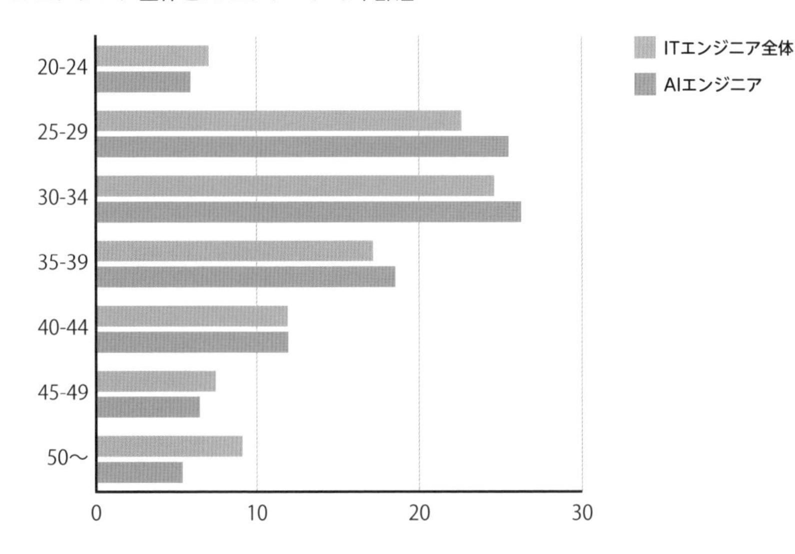

IT系人材会社提供

まとめ

- ITエンジニア全体と同様にAIエンジニアも大学卒の割合がもっとも高い
- AIエンジニアはITエンジニアより、大学院卒の割合が高い
- AIエンジニアはITエンジニアより、29歳以下と50歳以上の割合が低い
- AIエンジニアは30代が中心

15 AIエンジニアの1日 CASE 1

AIエンジニアとして働く、3名の方々にお話を伺いました。どういった業務内容なのか、具体的な内容を絡めて紹介します。最初に紹介するのは、受託開発業務が中心のPMであるAIエンジニアです。

受託開発業務が中心のPM

株式会社NTTデータで、アナリストを主業務とするプロジェクトリーダ(プロジェクトマネージャに該当)にお話を伺いました。受託開発業務が中心で、顧客と打ち合わせし、業務課題整理から分析要件整理、モデルの設計からPoCまで幅広く担当されています。

略歴

大学は理学部で数学を専攻(代数幾何)、卒業後は情報系システム開発に従事されました。BIツールを用いた分析画面の開発を担当しつつも、次第に対応範囲が拡大し、データモデリング、バッチ開発、性能チューニングを手掛けるようになります。

情報系システム開発のノウハウ整理、ソリューション化の経験を経て、自身のスキル拡張のために高度分析案件のアナリストとしての活動を始めました。現在はデータ分析業務や、分析業務を通じて得られた分析モデルのシステム実装などを担当しています。

業務内容

専門的な知識を背景に、プロジェクトを統括管理します。プロジェクトマネージャとして、新規の顧客開拓のための営業や、社内外問わずAIシステムの開発運用のための打ち合わせに参加します。一方でデータサイエンティストとして、要件整理やモデルの設計から実装、評価、ビジネス測定と、PoCの一連の作業を行います。PoCまで終えたら設計書を作成して、システム開発部に開発作業を依頼します。システム開発自体に直接は関与しないものの、AIシステムの責任者として、開発後の挙動の確認や改善などを担当します。

1日の仕事内容

プロジェクトマネージャとして、日々幅広い業務を行っています。通常日であれば夕方には退社できますが、繁忙時には夜遅くまで作業をしなければならないことがあります。

チームメンバー、ほかの部署や外注先企業、顧客など多くの相手との打ち合わせがあり、日々が高密度ですが、出退勤前のスケジュール確認、臨機応変な資料作成や課題整理で対応しています。昼食もメンバーとの貴重な意見交換の場です。多忙な日の例にはデータの修正分析、分析モデル構築、プロトタイプ実装など、プロジェクトを具体的に前に進める業務が含まれています。

■ タイムスケジュール（通常日）

9:00	本日の業務・スケジュールチェック、各種メール対応
10:00	チームメンバーと分析環境の構築状況、接続手順、資材インストール等に関する意識合わせを実施
11:00	混雑を避けて早めにチームメンバーと会社の食堂へ
12:00	
13:00	お客様との定例ミーティングに向けた資料作成 ビジネス課題、課題解決に向けた分析アプローチ案、など整理
14:00	
15:00	お客様より受領した分析データの精査状況についてチームメンバーとミーティング
16:00	分析データについてお客様に電話で質問 チームミーティング
17:00	外注先企業のマネージャと要員追加に関するミーティング 翌日のスケジュールチェック、メール対応
18:00	

■ タイムスケジュール（繁忙日）

9:00	当日の業務チェックやメール対応
10:00	新規顧客への営業訪問するための提案書を作成
11:00	営業担当とミーティングを実施。提案書の修正を検討
12:00	営業メンバと近所の定食屋へ
13:00	提案書を修正し、営業メンバーに送付
14:00	分析プロジェクトのチームメンバーと分析作業の実施状況の意識合わせ
15:00	データ集計作業の課題調査、対応策検討
16:00	チームメンバーと分析モデル構築に関する作業計画の修正を検討
17:00	分析プログラムのプロトタイプを実装
18:00	
19:00	お客様との定例ミーティングに向けた資料作成を実施
20:00	お客さまへの連絡対応
21:00	集計作業者の増員に関する契約事務処
22:00	翌日のスケジュールチェック、メール対応
23:00	

■ 仕事のポイント

業務成果（プロジェクトの成功）が第一

- 分析モデルの精度は二次的な指標に過ぎない。特に案件の初期フェーズでは、精度にとらわれないようにする
- 成功を収めることに固執する高い目線が必要

顧客との定期的な打ち合わせ

プロジェクトで利用する技術の知識やスキルは必須

- 統計解析 / 機械学習 / 統計解析 / 数理最適化 / SQL / Python
- 既存手法だけでは分析ロジックが構築できないケースもあるため、自らアルゴリズムや分析ロジックを生み出せる能力があるとよい

新規顧客（案件）を獲得するための営業スキルも必要

- プロジェクトの目的、活動計画／実績、想定されるビジネス成果などをわかりやすく説明できるスキル

AIやプロジェクト（チーム）の存在感をアピールするために……

- システム開発やサービス化などAIの活用に関する発展的な提言ができるとよい

まとめ

- **仕事のポイントとして、プロジェクトを成功させるためには高い目線が必要**
- **プロジェクトで利用する技術の知識とプログラミングスキルは必須**
- **アルゴリズムやロジックの創出能力、説明・提言力などがあると望ましい**

16 AIエンジニアの1日 CASE 2

次に紹介するのは、データサイエンス専門からAIシステム開発に携わるようになった方です。日々の業務をこなしながらも、常に新しい情報を捉え、スキルを上げる日々です。

AIシステムの開発も担当するデータサイエンティスト

株式会社リクルートで活躍するデータサイエンティストの高橋さんを紹介します。P.26で「データサイエンティストは、データを整理してAIモデルを作成する」と説明しましたが、高橋さんはAIシステムの開発まで担当します。また、データ活用プロダクトを開発する組織のマネージャーとしてチームを率いる役割も担っています。

略歴

大学院では行動統計学を専攻し、修士課程修了後、現在の会社に入社します。BtoC Webサービスのデータ分析と開発業務を担当。並行して、業務の改善を目的とした自然言語処理のR&D施策の開発を始めます。

現在は自然言語処理だけでなく、画像解析や音声解析を利用した開発施策を担当する組織のグループマネージャを務めています。

業務内容

データ分析からAIシステムの企画、開発、運用まで幅広く担当します。マネージャーとして、サービス担当者との打ち合わせやグループメンバーとの1on1ミーティングといったコミュニケーションをよく行います。ときには、グループ外企業やスタートアップとの打ち合わせもあります。

1日の仕事内容

高橋さんのチームでは、AIモデルをクライアントプログラムで利用するための「API」を作成しています。20〜25名体制で、6ヶ月程度のプロジェクト期間中に、20件ほどの試作を構築します。多くの顧客や関係者の業務が終了する18:00から、ようやく分析・開発業務の時間になります。高橋さんは帰宅後もスキルアップのための勉強や訓練の時間を持っているそうです。

■ タイムスケジュール

10:00	メールやコミュニケーションツールの連絡確認
11:00	部内での打ち合わせ 開発進捗/新規案件について確認、1on1など
12:00	
13:00	
14:00	
15:00	サービス担当者との打ち合わせ 新規案件提案、ディスカッション、運用課題の確認などを数本
16:00	
17:00	
18:00	分析、開発業務実施 技術相談/キャッチアップなども行う
19:00	

R&D

R&Dは、Research and Development（リサーチアンドディベロップメント）の略で、研究開発という意味があります。企業で新しい技術を研究する業務や研究を行っている部門のことをR&Dといいます。直接、売り上げにつながる業務ではありませんが、新サービス開発のきっかけとなる重要な業務といえます。

■仕事のポイント

サービス担当者の持つ課題を解決するために

- 手法ありきで進めると課題が解決できないことがあるので要注意
- 最適な手法を提案する能力が必要

実際に使えるソリューションを生み出すために

- ビジネス観点でのニーズ調査、ROIの試算などの能力も要求される
- 新しい技術を追うことだけに注力するのは危険

開発をスムーズに進めるためにあるとよい知識

- Webアプリの開発経験や知識

COLUMN

ROI

ROIは、Return On Investment（リターンオンインベストメント）の略です。投資（Investment）に対してどれだけの利益（Return）が得られたかを表す指標です。またROIは、投資収益率や投資利益率とも呼ばれます。

プロジェクトを管理するPMには、予測した売り上げとシステム開発に必要な設備費用や人件費の投資からROIの試算が求められることがあります。

まとめ

- **仕事のポイントとして、手法そのものより課題解決を優先すること**
- **常に新しい技術の情報を捉えつつも、ビジネス観点を外さないこと**
- **Webアプリの開発経験や知識があるとよい**

17 AIエンジニアの1日 CASE 3

最後に、AIやIoTを活用した店舗解析サービスのリードエンジニアを紹介します。実際の店舗に設置されたIoTデバイスも取り扱っています。

AI、IoTを活用した店舗解析サービスを開発するエンジニア

株式会社ABEJAの主力AIパッケージ製品「ABEJA Insight for Retail」のリードエンジニアを務められる大田黒さんを紹介します。エンジニア全体を引っ張り、どのように開発するのかを決める指南役です。

経歴

千葉県出身。産業技術高専卒業後、首都大学東京に編入学しました。高専在学中は、超小型人工衛星の開発、医療機器に関する研究に携わりました。理化学研究所では放射線飛跡観測に関する実験システム構築および中性子イメージングの画像処理研究、大学では量子効果デバイスに関する研究に従事しました。

現在は、小売流通業向け店舗解析サービス「ABEJA Insight for Retail」の事業部に、リードエンジニアとして所属し、ビッグデータ基盤の開発から運用まで、幅広く担当しています。

業務内容

大田黒さんの業務は、AIやIoTを活用した店舗解析サービス「ABEJA Insight for Retail」のリードエンジニアです。1,500台以上設置されているIoTデバイスを支えるビックデータ基盤の設計、開発、運用をリードしています。Web完結のプロダクトとは異なり、数百店舗に設置された数千台のIoTデバイスを扱うため、AIスキルだけでなく、サーバやネットワーク、IoTのスキルも総動員し、

負荷特性を考慮した設計・開発をしています。インターンシップ採用や人材育成、開発チーム体制の構築など、開発現場をリードする役割も担っています。

1日の仕事内容

大田黒さんの1日の中には、コーディング、システムリリースの時間が多くとられています。繁忙日にはミーティングの回数や時間が多くなっています。18:00からは、調査・技術検証の時間を設けています。全国に顧客を持つサービスのリードエンジニアですが、現地の担当者や顧客と電話などで打ち合わせて問題を解決することが多く、本人が各地に出向くことはあまりないそうです。

■タイムスケジュール（通常日）

10:00	プロダクト開発チームとのミーティング
11:00	コーディング
12:00	お昼休憩
13:00	
14:00	コーディング、システムリリース
15:00	
16:00	
17:00	メール対応、資料づくり
18:00	機能拡張・運用のための調査、技術検証

■ タイムスケジュール（繁忙日）

10:00	プロダクト開発チームとのミーティング
11:00	サービスの導入運用に関わるサポートチームとのミーティング
12:00	お客様のプロダクト利活用を補助するサクセスチームとのミーティング
13:00	お昼休憩
14:00	
15:00	コーディング、システムリリース
16:00	
17:00	メール対応、資料づくり
18:00	機能拡張・運用のための調査、技術検証

■ 仕事のポイント

お客様のために、価値を生むプロダクトを作る。要素技術の研究・開発・検証をし、実装するまでのサイクルを素早く回し、開発チームをリードする

- IoTの理解
（デバイス、ネットワーク、アプリケーションなど）
- AI／機械学習の理解
（アルゴリズム特性、負荷特性、コンピュータサイエンスなど）
- アイデアを素早く形にする力
（仮説立案・検証能力・プロトタイピング能力など）
- 社外の顧客や社内メンバーと円滑に対話する力

AI／IoTならではの負荷特性を考慮したプロダクトの運用設計・体制構築・運用補助システムを作成し、チームを率いて開発する

- AI／IoTの観点から顧客体験に影響を及ぼす要素の分析、KPI設計、KPI取得手法の確立
- 数値に基づいた開発運用体制構築力
- 運用体制を支えるシステム開発力

まとめ

- 仕事のポイントは、顧客にとって価値を生む製品を作ること
- 研究―開発―検証―実装のサイクルを素早く回し、アイデアを形にしていく必要がある
- IoT、AI／機械学習の理解に加えて、開発・運用スキル、顧客やメンバーと対話する力も必要

18 AIエンジニアの仕事とは -総括-

これまで見てきたように、AIエンジニアの1日は業務形態によって異なります。ただし顧客が欲するものを作るのが仕事なので、顧客の要望に合わせて動くということは共通しています。

開発業務だけではない

開発担当ならパソコンに向き合って作業することが多くなりますが、ずっとパソコンに向き合うわけではありません。データサイエンティスト、AIシステムを支えるインフラエンジニアなど、プロジェクトに関わるメンバーと打ち合わせを行い、コミュニケーションを取りながら開発を進めます。

また、顧客の持つ課題を解決するためには、要望などを直接ヒアリングすることもあります。AIシステム特有の事情として、データ集めについても内容や取得方法を相談する必要もあります。ときには、製造ラインや小売店など、実際にデータを生み出す現場を訪れて、データ集めを考えることもあります。

■ メンバー間でのコミュニケーションは必要不可欠

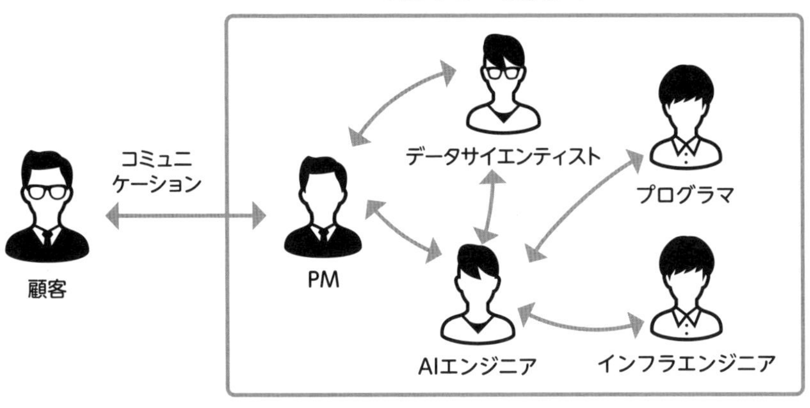

AIで世の中の課題を解決するのが目的

AIエンジニアは、AIを活用して課題を解決するためシステムを開発して、運用していく職業です。ただ単にAIシステムを開発することだけが目的ではありません。課題の解決へ向け、広い視野を持って多角的に手法を検討する必要があります。そのためには、顧客から要望を聞いたり、プロジェクト内外のメンバーとのコミュニケーションが不可欠です。AIの技術を追求していきたいと考えている人は、AIエンジニアではなく、研究に専念するAIリサーチャーを目指したほうがよいでしょう。AIエンジニアとして働くためには、AIで世の中をよりよくしようという気持ちが大切です。

トライ&エラーを繰り返してプロジェクトを進める

AIシステムと従来の業務システムとの大きな違いは、課題解決の方法に決まった正解がなく、やってみないとわからないことです。運用後であっても精度が悪化すれば、原因を追求して改善を続けます。取得するデータの内容や取得方法に変化がないか調べるには、AIシステムの仕組を理解してもらうなど顧客の協力が必要不可欠です。

そのため、プロジェクトマネージャなどの顧客と直接コミュニケーションを取る立場では、わかりやすい言葉で説明し、課題解決のために親身になって対応できるスキルが求められます。

また、AIシステムのプロジェクトは、従来の業務システムやWebアプリなどの技術+AI固有の仕事で成り立っています。従って、業務システムやWebアプリ開発のプロジェクト経験があるプロジェクトマネージャやシステムエンジニア、プログラマは、技術や経験を活かすことができるでしょう。逆にAIのことしか知らないエンジニアは、こうした技術を身に付ける必要があります。

次の章では、AIエンジニアに必要なスキルを紹介していきます。

■ AIシステムは運用後も改善や機能追加などが必要

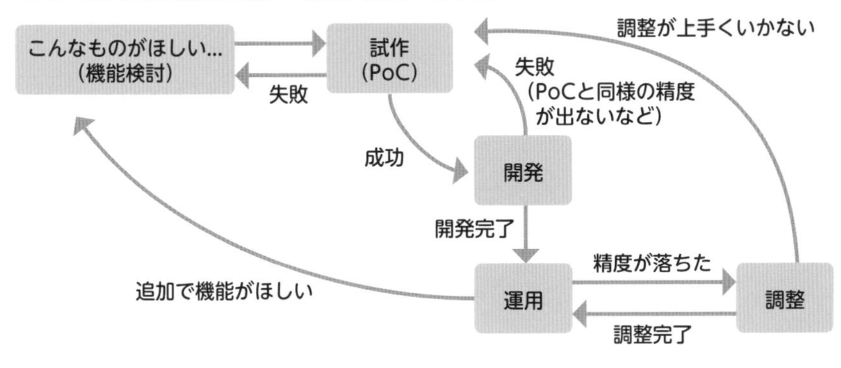

COLUMN AIエンジニアという呼び方

本書では、AIシステムの実装・運用を担当する人をAIエンジニアと呼んでいます。しかし企業によっては、実装・運用に加えAIモデルの作成もカバーする人をデータサイエンティストと呼んでいる場合もあります。AI分野はまだ模索段階なので、職種名と業務範囲が明確に定められていないためです。AIエンジニアの就職・転職情報を見るときには、データサイエンティストの募集がある企業もチェックしたほうがよいでしょう。

まとめ

- **AIエンジニアはパソコンに向かっているだけではなく、開発メンバーと連携をとりながら開発を進める**
- **顧客の要望を満たすために、顧客との意思疎通が必要不可欠**
- **AIエンジニアには、AIで世の中をよりよくしようという気持ちが大切**

柔軟な働き方

IT業界は柔軟な働き方が進んでいる業界といえます。特に、ITエンジニアは正社員でも週1〜2日勤務という働き方や、副業として仕事をすることも少なくありません。そのような場合、給与は月ではなく日割り計算や案件の成果報酬となり、ITエンジニアとしての年収は200万円以下と算出されることがあります。

■本業と副業

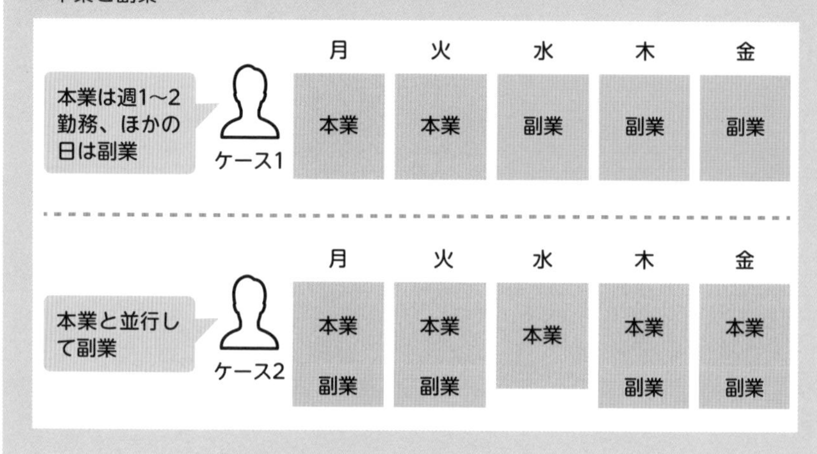

4章

AIエンジニアになるには

AIエンジニアの実態や業務内容が前章で見えてきました。AIエンジニアになるためには、どういったスキルが必要なのでしょうか。この章では、AIエンジニアになるための道のりと身に付けるべきスキルについて説明します。

19 AIエンジニアに必要なスキル

AIエンジニアは、AIモデルを活用したシステムを開発します。そのためには、AIスキルに加えてアプリケーション開発スキルも必要です。幅広い知識範囲が求められますが、少しずつ広げていきましょう。

AIスキルとアプリケーション開発スキル

AIエンジニアは、顧客が持つ課題をAIを利用して解決するシステムを開発するのが仕事です。AIシステムであっても、開発手法は一般のアプリケーションと大きく変わりません。AIエンジニアに必要なのは、「AIスキル＋アプリケーション開発スキル」です。

■ AIエンジニアに必要なスキル

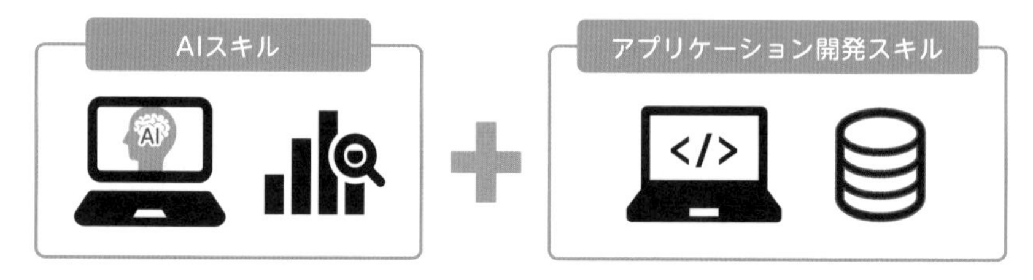

システムエンジニアやプログラマなどITエンジニアとして活躍している人なら、アプリケーション開発スキルを身に付けていることでしょう。あとはAIスキルに必要な基礎知識を習得すれば、AIエンジニアとして活躍のチャンスがあります。

学生や異業種からAIエンジニアを目指す場合は、すでに持っている知識に加えてAIスキルかアプリケーション開発、もしくは両方の習得が必要になります。理工系の学生であれば、大学や専門学校などで学んでいる数学や統計学などの知識が武器になります。異業種からの転職では、その業界のドメイン知識（P.95参照）があることが武器となるでしょう。

AIスキルを身に付けるには

AIスキルとひとことでいっても、機械学習かディープラーニングか、あるいは画像や動画など扱うデータの形式によっても、必要とされるものは違います。また新しい手法も次々に登場します。そのため、最初からすべてを学ぶことは不可能です。そもそも、どんな手法を使うのかは解決したい課題によります。現在AIエンジニアとして働く方々も、各プロジェクトの課題に合わせた解決方法を模索しています。

■課題によって扱うデータは異なる

AIスキルは、理論ばかり突き詰めても実践で活用できるとは限りません。AIシステムは、さまざまなデータを元に開発しますが、机上で学習するときは精度の高いデータしか扱わないかもしれません。しかし実際のプロジェクトでは、ノイズを含んだデータがたくさんあるものです。まずは、次節から紹介する分野の基礎知識を身に付けるとよいでしょう。

まとめ

- **AIエンジニアには、AIスキルとアプリケーション開発スキルが求められる**
- **AIスキルは範囲が広い**
- **まずは、AIスキルの基礎知識の習得を目指そう**

20 AIスキルに必要な基礎知識

既存のAIモデルを活用するだけなら、数学の知識はなくても問題ありません。しかしパラメータを調整するときには、数学の基礎知識があったほうがよいでしょう。これに加えて、機械学習の基礎も押さえておきましょう。

確率と統計

端的にいうとAIは、確率や統計をさらに複雑にしたものです。根幹には数学的な理論があるため、確率や統計の基礎知識があるのとないのとでは、AIに関する理解度が大きく違ってきます。

最低限、母集団や正規分布など、データの総数やバラつきに関する知識が必要です。母集団や正規分布についての理解が浅いと、どのぐらいのデータをAIモデルに学習させなければならないのか、という必要なデータ総量の把握が難しくなってしまいます。また、偏ったデータを学習させてしまうと、適切なAIモデルが構築できなくなる恐れもあります。

■母集団と正規分布

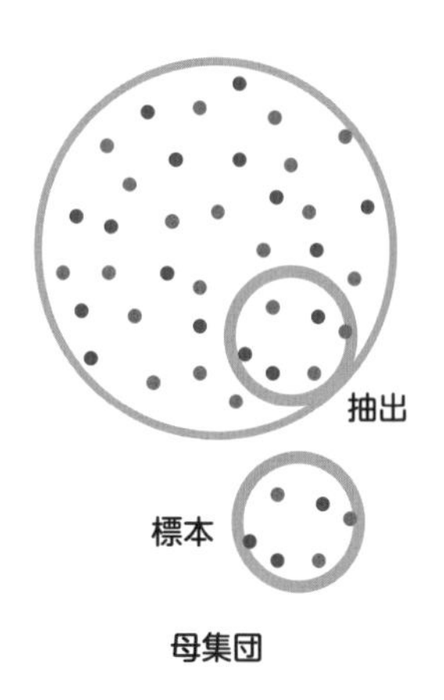

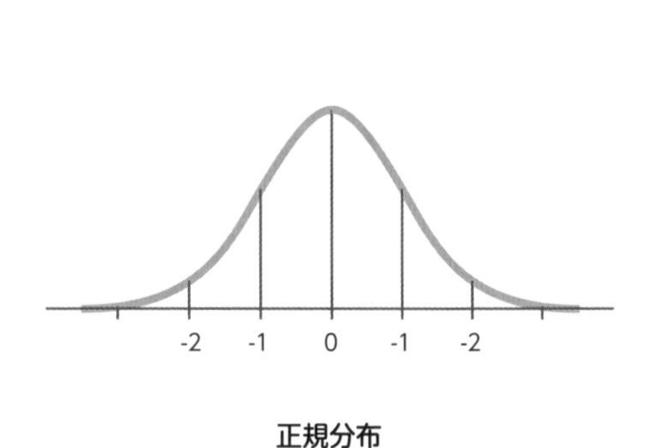

データの整理と可視化、評価の知識

AIモデルを構築するには、データの性質を見極めることも大切です。膨大なデータから、数値のグラフ化、似たもの同士のグループ化、データの特徴を維持してデータ量を減らす（次元の削減）など、人にとってわかりやすい状態にします。データの性質を把握してAIモデルを構築することが求められるのです。

AIシステムを開発したあとに、正しい結果が得られているかを確認する作業として、データの可視化や結果の評価を行います。そのため「データの見方」は、すべてのAIエンジニアが知っておくべき基礎知識といえます。具体的には、P.174で説明するROC曲線やAUCが理解できる程度の知識が必須です。

Pythonの基礎知識

AIモデルの構築にはPythonが広く使用されています。さまざまなAIモデルのサンプルがPythonで書かれていることから、AIエンジニアにはPythonの理解が必須です。

またPythonでは、NumPy、Scikit-learnなどの数値計算・機械学習ライブラリが使われるので、これらも理解しておきましょう。データを扱う場面では、Pandasライブラリもよく使われます。またディープラーニングの分野では、TensorFlowというライブラリが使われることもあります。

長いプログラムや複雑なプログラムは書けなくても、Pythonの基本知識は身に付けておくようにしましょう。

まとめ

- 確率や統計分野では、母集団や正規分布を押さえよう
- データの見方を知るために、ROC曲線やAUCを押さえよう
- AIモデルの構築するために、Pythonの基礎知識とNumPy、Scikit-learnなどのライブラリを押さえよう

21 AIプログラミングの始め方

AIモデルを作るには、コードを書く方法とGUIで作る方法があります。いずれの場合も、何かしらのライブラリやサービスを使います。代表的なライブラリやサービスにはチュートリアルが用意されているので、まずはそこから始めましょう。

学習の第一歩

AIプログラムを作るには、Pythonなどのプログラミング言語を使ってコードを書く方法と、マウスなどを使ってGUI操作で作る方法があります。GUIは一見簡単そうですが、データ操作や機械学習の計算などの工程は同じで、AIモデルの基礎知識が必要なことに違いはありません。理解を深めるため、GUIで作る場合であっても、プログラミング的な考え方は知っておいたほうがよいでしょう。

■ AIモデルのプログラムを作る方法

	プログラミングする	GUIを使用する
手軽さ	プログラミング知識が必要でやや難しい	プログラミング知識がなくても作れるので手軽
作るまでの時間	長い	短い
性能の評価や可視化	評価や可視化のプログラミングが必要	グラフなどの付属ツールを使って、すぐに確認できる
作ったAIモデルのシステムへの組み込み	容易	ものによる

※作った AI モデルのシステムへの組み込み方法については、P.192 を参照

AIプログラミングで使うライブラリ

プログラミングしてAIモデルを作る場合は、さまざまなライブラリを用います。ライブラリのサイトには体験できるチュートリアルが提供されているの

で、まずはそちらから始めるとよいでしょう。

■ AIモデルのプログラミングによく使われるライブラリ

ライブラリ	内容
Scikit-learn (https://scikit-learn.org/stable/)	多数の基本的な機械学習アルゴリズムが実装された根幹となるライブラリ。これを前提とした学習参考書も多く、サイト自体も学習コンテンツが充実している
PyTorch (https://pytorch.org/)	Facebook社の人工知能研究グループ発祥のディープラーニングライブラリ。近年シェアを伸ばしている。fast.ai (https://www.fast.ai/) では、PyTorchを使ったサンプルを体験できる
TensorFlow (https://www.tensorflow.org/)	Google Brainチーム発祥のディープラーニングライブラリ。古くからあるライブラリで、対応範囲が広い。同サイトには、機械学習やディープラーニングを体験できるコンテンツが用意されている

ライブラリの使い方を説明した日本語の文書も、公式サイト内やブログなどで多数公開されています。数学やプログラミングの知識やスキルがそれほどなくても使い方を覚えれば、実際のコードを見ながら学習を進められるでしょう。

クラウドサービスを使う

AIモデルは、クラウドで作ることもできます。GoogleやAmazon、MicrosoftがクラウドでAIモデルを使えるサービスを提供しています。クラウドサービスでは、コードを書く環境だけでなく、GUIでのプログラミング環境も提供していることがほとんどです。そのため、クラウドサービスを使えば「データをアップロードし、解決すべき課題や条件を選んで、実行ボタンを押す」というようなGUI操作によって、画像認識や言語処理などの結果が得られます。

何よりも手軽ですし、自分で作るのは到底難しいAIモデルもあらかじめ用意されているので、より応用的なAIプログラミングも試せます。

ただしクラウドサービスのほとんどは従量課金で、使用するほどコストがかかります。また、自社のサービスに組み込む場合は、こうしたクラウドサービスへの接続が必要となるため、Webシステムの開発スキルが求められます。

■クラウド環境のAIサービス

クラウドサービス	AIのサービス名
Google	Google Cloud AutoML (https://cloud.google.com/automl/)
Amazon	Amazon SageMaker (https://aws.amazon.com/jp/sagemaker/)
Microsoft	Microsoft Azure Machine Learning (https://azure.microsoft.com/ja-jp/services/machine-learning/)

例えばMicrosoft Azure Machine Learningでは、代表的なAIアルゴリズム（計算方法）が用意されていて、「入力するデータ」「そのデータに対する前処理（整理）」「AIアルゴリズム」「出力するデータ」を線でつなぐだけで、簡単にAIモデルを作れます。プログラムを記述する必要は一切ありません。

■Microsoft Azure Machine Learning

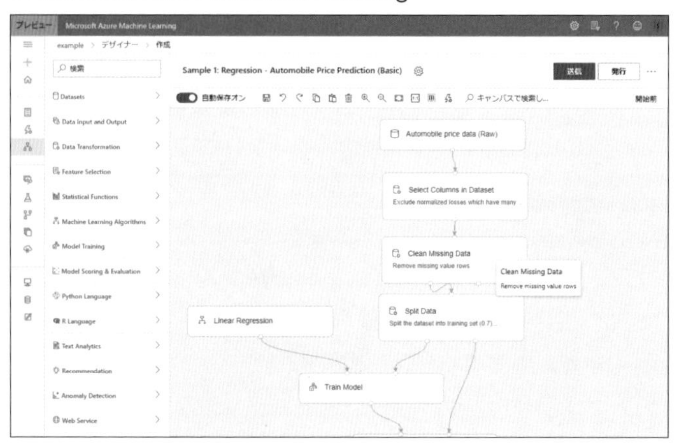

もっと具体的なGUIモデリングとして、SonyのNeural Network Console（https://dl.sony.com/ja/）もあります。

これは実際に、「ユニット」と呼ばれるデータ処理層をドラッグ&ドロップで積み上げてAIシステムを作っていける方法として、話題になっています。

■ Neural Network Console

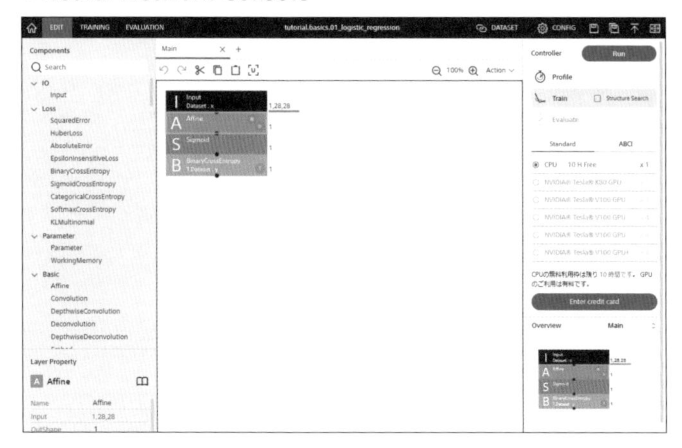

GUIプログラミングは現場でも活用される

GUIプログラミングは学習のためだけでなく、実際の生産現場でも活用されています。

コードを熟知したプログラマでも、疲れや慣れによる基本的な箇所でのミスを犯す危険が少なくなり、チューニングやカスタマイズに集中できます。

また、すぐに結果が出るので、試作の方針を決める目的や、AIプロジェクトについて顧客に説明し理解を得る目的で、使うことができます。

まとめ

- AIプログラミングは、コードを書く方法とGUIで作る方法がある
- GUIで作る場合でも、AIモデルの基本理論は必要
- AIプログラミングの習得にはチュートリアルを活用する
- GUIをサポートするクラウドを使うと、Webブラウザ上で手軽にAIモデルを作れる

22 アプリケーション開発スキル

AIシステムでは、データの分類や分析結果を顧客が確認できるアプリケーションを用意することがあります。AIエンジニア自身もアプリケーションの完成イメージや基本的な手法に無知ではいられません。

なぜアプリケーション開発スキルが必要なのか

AIモデルが分類・分析した結果を、顧客が簡単に確認できるようにするためには、パソコンやWebアプリケーションを用意する必要があります。これを行うには、Webに関する知識が必要です。また基本的なWebアプリケーションは、データを処理するWebサーバとデータを保管するデータベースのバックグラウンド、データを入力したり結果を表示したりするフロントエンドで構成されます。このような構成のWebアプリケーションを開発するためには、サーバやネットワークの知識も不可欠です。

■ Webアプリケーションの例

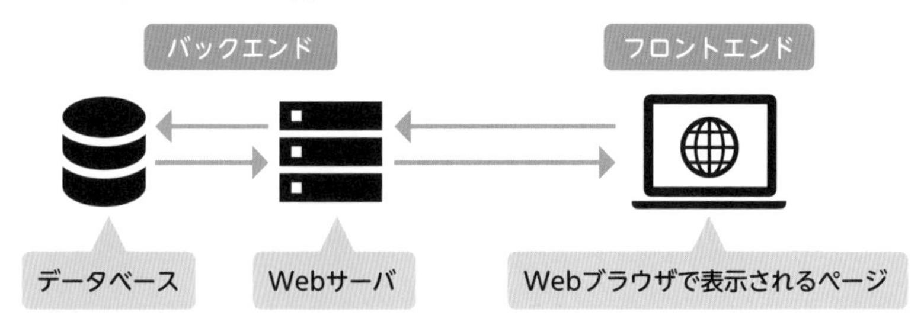

実際に、顧客が結果を確認するアプリケーションは、AIエンジニアが開発するのではなく、Webエンジニアやシステムエンジニア、プログラマなどに開発を依頼することがほとんどです。しかし、依頼するにしてもどういったアプリケーションにしたいかを伝え、開発されたアプリケーションにはテストを行います。そのためにも、アプリケーション開発スキルは必要といえます。

IoTアプリケーションスキル

AIシステムでは、静止画や動画を撮影するカメラや、音声を録音するためのマイク、各種センサの値を取得するIoT機器なども利用します。AIシステムによっては、IoTアプリケーションに関する知識が必要になります。

例えば、「防犯カメラから取得した映像で不審者を判別し、不審者がいたときにはスピーカーなどで警告音を出す」というAIシステムを構築するとします。そうしたときには、IoT機器に防犯カメラとスピーカーを利用して、AIシステムを構築することになります。

■IoTを利用したAIシステム

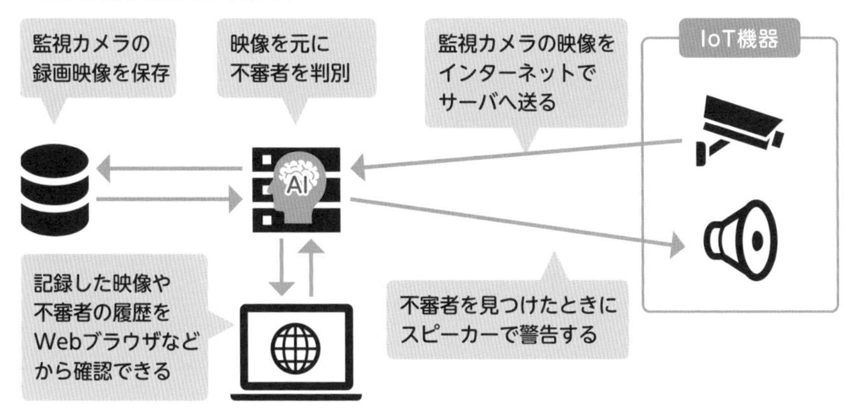

もちろん、AIエンジニア1人でIoT機器を選別したり、AIシステム全体の仕組みを決めるわけではありません。しかし、こうした知識があることで、課題を解決するためのやり方を幅広く考えられるようになります。

まとめ

- 顧客向けに結果を確認するためのアプリケーションが必要
- アプリケーションの開発依頼やテストをするときに、アプリケーション開発スキルが求められる

23 AIエンジニアに必要な資格とは

AIエンジニアになるために資格は必要ありません。しかし、資格はどれだけのスキルを持っているのか、一定の指標となります。また、学習の過程において、知識範囲の目安にもなります。

特別な資格はない

AIエンジニアになるための特別な資格はないため、AIシステムを開発しているエンジニアであれば誰でも名乗ることができます。しかし、知識範囲が広いだけに、どの程度の知識を持っているかを証明することが難しい一面もあります。

統計検定やG検定、E資格は、AIエンジニアに必要な知識範囲をカバーした資格で、企業によっては取得を推奨しています。また、どの程度の知識を持っているかの証明もできるので、取得に向けて学習することをおすすめします。

統計検定

統計検定は、一般財団法人 統計質保証推進協会が実施する検定で、統計に関する知識や活用力を評価する全国統一試験です。1級～4級の等級のほか、「統計調査士」や「専門統計調査士」といった資格も用意されています。

AIエンジニアであれば、統計検定2級程度の実力があることが望ましいといわれており、統計検定の取得を推奨している企業もあります。統計に関する検定はデータサイエンス分野での需要が増えてきており、2021年3月からは、難易度が下げられたCBT試験（コンピュータによる試験）の「統計検定 データサイエンス基礎」が始まる予定です。データサイエンス基礎は、エンジニアだけでなく営業職などAIに関わるすべての人を対象とした基礎試験です。

統計検定公式サイト
https://www.toukei-kentei.jp/

JDLAのG検定とE資格

JDLA（一般社団法人 日本ディープラーニング協会）が実施する「G検定」と「E資格」というディープラーニングに関する検定・資格が、業界で注目を集めています。

JDLA 公式サイト
https://www.jdla.org/

● G 検定（ジェネラリスト）

G検定は、AIに関わるすべての人を対象とした一般向けの検定試験です。AIに関する知識を問う問題が出題され、設問から答える選択式の試験です。試験はコンピュータを使ったもので、自宅で受験できます。G検定公式テキストもあり、独学もできます。

AIの基礎が身に付くことから多くの企業が取得を推奨しており、本書の執筆時点で3万人以上の合格者がいます。

● E 資格（エンジニア）

E資格はエンジニア向けの上級資格です。JDLA認定プログラムと呼ばれるセミナーを受講した人だけが受験できます。難易度は高く、本書の執筆時点では、E資格の所有者は1000人程度しかいませんが、幅広い知識を必要とするAIエンジニアに活かせる知識が学べます。

G検定もE検定も、取得者のみが参加できる「CDLE（シードル）」というコミュニティがあり、そこから人脈を広げられるのも魅力の1つです。

まとめ

- **AIエンジニアに必須の資格はない**
- **企業によっては、統計検定やG検定、E検定の取得を推奨している**

24 AIエンジニアになるには ～学生の場合～

AIエンジニアになる道のりは、学生なのか社会人なのか、ITエンジニアかそうでないかなどによって変わります。学生の場合は、AIシステムを開発する企業の新卒採用を目指すことが一番の近道です。

学生からAIエンジニアへの道

学生がAIエンジニアになるには、AIシステムを開発する企業の新卒採用を目指すことが一番の近道です。アプリケーション開発の経験がなくとも統計や数学など専門的な知識を持っていれば、就職できる可能性は非常に高くなります。会社側は新卒で採用した学生を、入社後の研修や実務経験を通して育成していこうと考えています。

しかし、AIシステムを開発しているすべての企業が新卒採用を行っているわけではありません。また、大学や専門学校の専攻上、いきなりAIエンジニアを目指すのは難しいという人もいるでしょう。そういった場合は、IT業界でアプリケーション開発の実務経験を積んだり、統計やデータ分析などの業務経験を積んだりしてから、AIエンジニアに転職するという道もあります。

■学生がAIエンジニアになるには

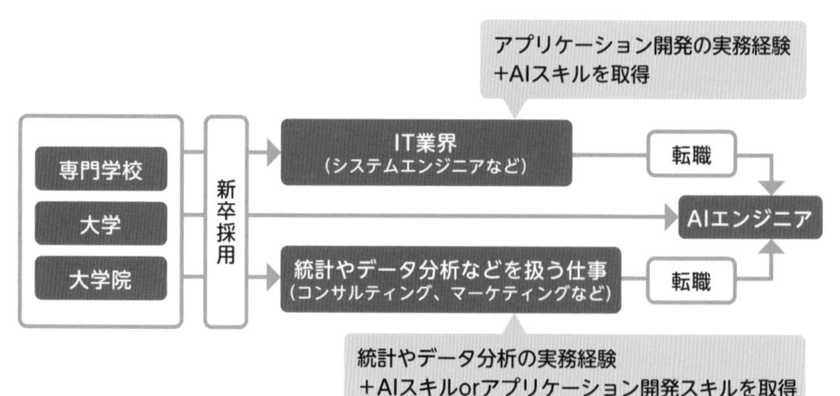

AIエンジニアを目指しやすい専攻

新卒採用はどんな学部でも応募できますが、多数の応募者から採用が絞り込まれるため、学部や専攻が重要な要素です。大学や専門学校には、工学やコンピュータサイエンスなどを専門的に学べる学科やコースが用意されています。こうした分野で知識や技術を習得していきましょう。特に数学や統計の深い知識があると、就職活動で有利に働きます。

■ 専攻例

統計　数学　情報工学　機械学習　プログラミング

資格取得やインターンシップに挑戦

就職活動では、目に見える実績があると有利です。まず考えられるのが資格です。AIエンジニアに必須の資格はありませんが、どの程度の知識を持っているか示しやすいので、P.88で紹介した資格の獲得を目指すとよいでしょう。

また、AIシステムを開発している企業のインターンシップに参加すると、具体的な業務内容を知ることができたり、先輩社員から直接話を聞いたりできます。インターンシップに参加することで優遇されるわけではありませんが、業界知識や現場の雰囲気を知ることができるので、気になる企業でインターンシップを実施している場合は、挑戦してみてください。

まとめ

- 学生は新卒採用がAIエンジニアへの近道
- 数学や統計、プログラミングを専攻していると就活に有利
- 知識範囲の証明のため統計検定などを取得したほうがよい
- インターンシップを活用して業界知識を深めよう

25 AIエンジニアになるには 〜ITエンジニアの場合〜

すでにITエンジニアであるなら、AIエンジニアへの道のりは遠くありません。なぜなら、AIスキルを身に付ければAIエンジニアになれる可能性が高いからです。

ITエンジニアからAIエンジニアへの道

何かしらのITエンジニアとして働いている人であれば、大きく分けて2つの道があります。現職の企業でAIに関するプロジェクトに参加するか、AIシステムを開発している企業に転職する道です。企業やチームの体制によっては、社内でのAI導入やほかのチームへの異動が厳しいかもしれません。そういった場合は、別の企業に視野を広げてみてください。

■ AIエンジニアへの道

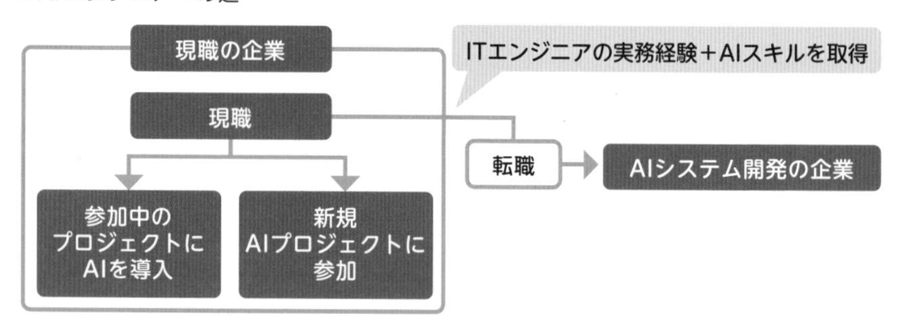

社内のAIプロジェクトに参加する

課題解決のためにAIの活用を検討している企業が増えており、社内でAIプロジェクトが始まることがあります。新規発足したAIプロジェクトに開発メンバーとして参加できれば、AIエンジニアになる道が開けます。

AIプロジェクトといっても、従来のアプリケーション開発のプロジェクトと仕事のやり方が大きく変わることはありません。データサイエンティストがAI

モデルの開発を行う場合は、専門的なAI知識はなくともAIシステムの開発を進められるでしょう。しかし、データサイエンティストとコミュニケーションを取りながら開発を進めるために、統計検定やG検定程度の知識があったほうがよいでしょう。

AIプロジェクトへの参加を足がかりに、少しずつAIスキルを磨いていくことで、AIエンジニアとしてステップアップが望めます。

AIシステムの導入を提案する

社内でAIプロジェクトが始まらないなら、AIシステムの導入や、既存のシステムへのAIの組み込みを提案する方法もあります。いきなり複雑なAIモデルの開発は難しいですが、既存のAIモデルを既存のデータに適用するだけで、AIシステムとして活用できる場合があります。異常検知や画像マッチングなどは代表的な手法が確立されてきているため、業務に取り入れやすいといえます。

たくさんの業務データを持っている立場なら、AI技術について勉強し、簡単なAIモデルを試してみるとよいでしょう。AIモデルの試作には、Azure MLやNeural Network Consoleのような、GUIで試せるツールを使うと簡単です。

AIシステムを開発する企業に転職

今の職場でAIに関するプロジェクトに携わるのが難しい場合、AIシステムを開発する企業に転職するのもよいでしょう。アプリケーション開発の実務経験があれば、AIスキルを身に付けることで、AIエンジニアに転職する道は開けます。P.80で説明したAIスキルの基礎知識の習得を目指しましょう。

まとめ

- **現職の企業で、AIプロジェクトに参加する、もしくは担当案件にAIの導入を提案する**
- **AIシステムを開発する企業へ転職する**

26 AIエンジニアになるには ～非ITエンジニアの場合～

ITエンジニアでない場合は少々勉強量が多くなり、ハードルは高めになります。AI重視かエンジニア重視かで方向性を決め、キャリアアップを目指しましょう。

ゼロからAIエンジニアの道へ

社会人でITエンジニアとしての実務経験がない場合は、それまでの経歴に加え、AIスキルとアプリケーション開発スキルの有無によって道のりが変わります。学生時代に数学や統計を専攻していた人や、データ分析などの業務経験がある人の場合は、AIエンジニアを目指しやすいといえます。しかしこれらに該当しない場合は、ゼロからAIスキルとアプリケーション開発スキルを身に付ける必要があります。

■ AIエンジニアへの道

研修が充実した企業へ転職

研修制度がある企業では、AIスキルやアプリケーション開発スキルがない場合でも転職が可能です。入社してから1～2ヶ月程度、AIやプログラミング研修を行ってから、プロジェクトに配属されます。しかし、誰でも採用されるわけではなく、素養やコミュニケーションスキルなどが重要視されます。

適正検査でSPIテスト（SPI総合検査）を実施する企業もあります。中学校で習うような数学の方程式や確率などの問題が出題されるので、SPIテストの対策問題集で対策をして臨みましょう。

ドメイン知識を活用する

AIを活用して課題を解決するためには、課題に関連したドメイン知識（専門知識）が必要となります。業界の基礎知識や流行を把握していないと、どうやって課題を解決していくか検討することができません。

小売や教育、医療など業界問わず、IT業界以外のドメイン知識は、AIシステムを開発する上で大いに役立ちます。企業によっては、対象とする業界での実務経験がある人材を募集しています。IT業界以外で働いた経験を活かせるようなAIシステム開発企業を探すのも1つの手です。

スクールで勉強してから転職

統計や数学、プログラミングの基礎知識がない場合は、そもそも何から始めてよいのかわからないことも多いでしょう。また、研修が充実している会社に転職した場合、入ってから壁にぶつかって挫折してしまう可能性もあります。

転職を検討する前に、必要な基礎知識を教えてくれるスクールを活用するのも1つの手です。最近では、オンラインで習得できるスクールもあり、仕事の合間や休日に学ぶことができます。あらかじめ、AIについて勉強しておくことで、企業や業務内容とのミスマッチする可能性を減らせるでしょう。

まとめ

- **研修が充実した企業に転職する**
- **ドメイン知識が活かせる企業に転職する**
- **スクールなどを活用して、知識を得てから転職する**

Kaggleを活用しよう

AIを始めようという人にとって、一番の障壁は「学習に使える、実践的なデータが入手できない」という点です。実際の現場に出なければ、生のデータに触れる機会がないのです。

こうした問題を解決するのが、「Kaggle(カグル)」というサイトです。

Kaggle

https://www.kaggle.com/

■Kaggle

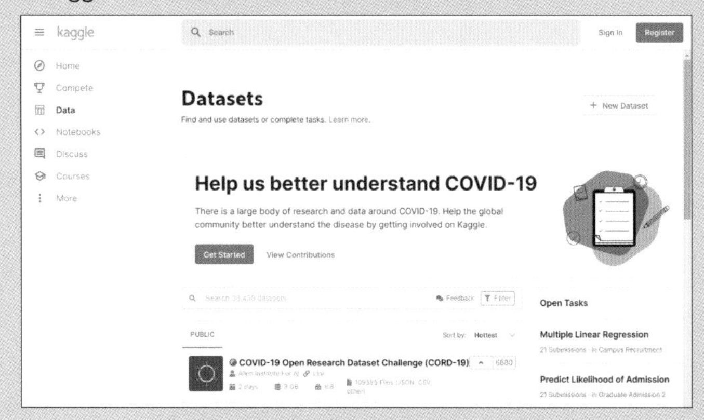

Kaggleは、機械学習・データサイエンスに携わっている人たちが集まるコミュニティサイトです。Kaggleでは、企業や政府などがデータを提供し、そのデータを使った人工知能モデルを競うという「コンペ」が催されています。コンペは、もっとも精度が高いモデルを作った人に賞金が出る、腕試しの場です。

こうしたコンペは、AIの初学者にとってはもう少し先のものになりますが、コンペへの参加は、自由で費用もかかりません。たとえ賞金を目指せるレベルに達していなくても、コンペに参加すれば、実際のデータを使ってモデルを構築できます。

またKaggleには、「カーネル」と呼ばれる機能があり、ブラウザ上で機械学習のコードを試したり、そのコードをほかの人と共有したりする機能があります。カーネルには、先人のデータサイエンティストたちが作った多数のコードが公開されているので、それを見るのも大変勉強になります。

これからAIを始める人は、Kaggleを活用していきましょう。

5章

AIシステムの概要

本章では、より技術的な観点からAIシステム開発について説明します。AIエンジニアだけでなく、ほかの開発職や営業職など、直接的にAIシステム開発に携わらない人でも、AIモデルがどのような仕組みで予測・推測しているかという基礎的な理解は欠かせません。本章ではそれらを身に付けておきましょう。

27 AIシステムとは

AIシステムとは、AIモデルを用いた分類／予測といった処理が含まれたシステム全般を指します。AIシステムを作るには、まずシステム全体がどのような構造になっているのかを理解しましょう。

入力されたデータから結果を出力する

本書で説明するAIシステムは、AIモデルを用いて処理を行うシステム全般を意味しています。こうしたシステムは何かしらのデータを入力すると、AIモデルが分類や予測の処理を行って結果を出力します。例えば「気温や曜日、周辺のイベントの有無を入力すると売上予想が出る」「ビデオカメラで工場の生産ラインを撮影すると、不良品が通過したときに警告が出る」などのシステムです。

AIシステムの中心となるのは、「AIモデル」と呼ばれる処理ロジックです。システムの頭脳となる処理ロジックの前後に、データを入力する仕組みや結果を出力する仕組みを取り付けたものが、AIシステムです。

■ AIシステムの構成図

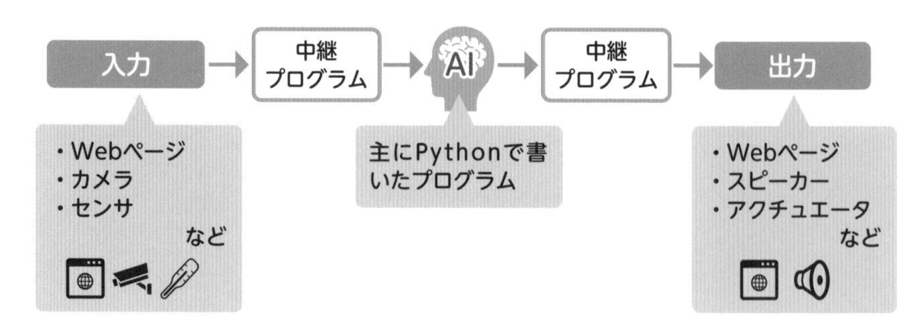

AIモデルとは

学術分野においてモデルという名前は、広く「自然現象・社会現象を、人が共通に理解できる方法で記述したもの」として用いられます。例えば化学分野において、「水分子のモデル」というと、白い丸の左右に、小さい黒い丸が2つつながっている絵で表します。実際の水分子がどのようなものかは、人は直接目で見ることはできませんが、そのように描くと、水のさまざまな現象を説明しやすくなります。

■学術分野における水分子のモデル例

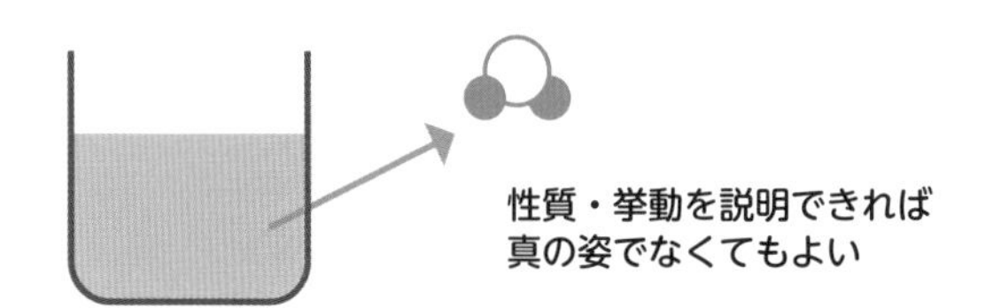

AIモデルは、統計モデルから始まったといえます。統計モデルは、すでに多くの分野で予測に用いられており、よく行われる予測の1つとして「偏差値による志望校の合格予測」があります。模擬試験で志望校への合格・不合格が決まるわけではありませんが、同じ学校を志望する人たちの得点数の分布から、「偏差値70以上なのでA判定」などと予測しているのです。

■偏差値による合否予測も統計モデルの1つ

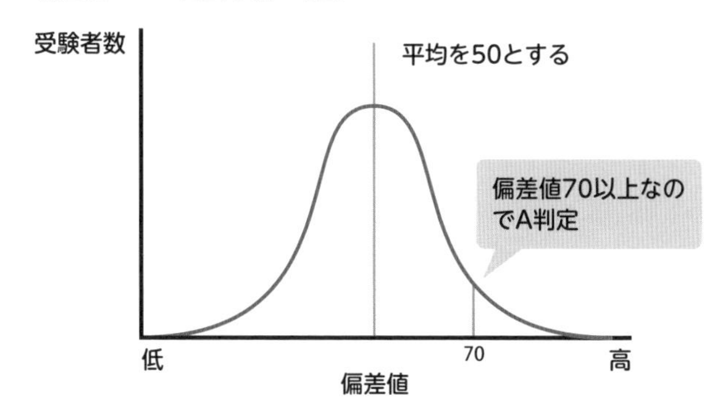

AIモデルでは、入力するデータや、結果として出力するデータの種類が多岐にわたります。しかし「データを入力すると、それを分類・分析した結果が出力される」という点は同じです。

例えば画像認識のAIシステムなら、画像を入力すると「ネコ」「イヌ」などの判別結果が出力されます。音声をテキスト化するAIシステムなら、音声データを入力すると、音声から文字起こしをしたデータが出力されます。また売上を予想するAIシステムなら、売上に影響しそうな入店者数、天候、近隣のイベント、平日か休日かなどの情報を入力すると売上予測が出力されます。

■AIモデルにデータを入力すると、結果が出力される

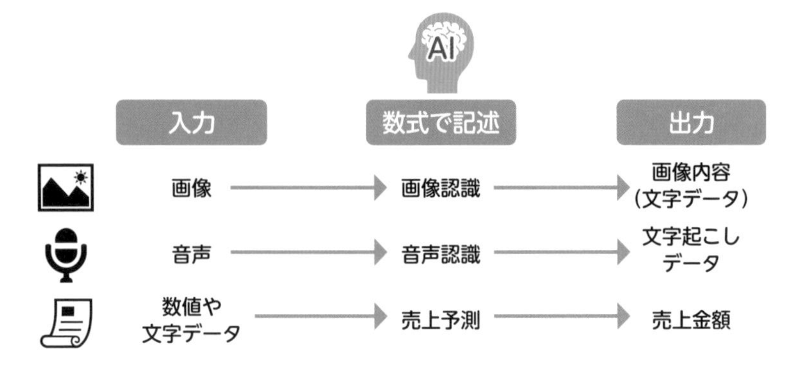

AIモデルは学習することで自らの性能を改善する

AIモデルの根本的な技術は、数値解析や統計による予測ですが、「知能」を思わせる運用上の特徴がいくつかあります。

その最たるものが、「学習して自らの性能を改善する」ところです。「自ら改善する」という表現ですでに擬人化しているわけですが、AIモデルは学習を繰り返すことで、分析や予測を行うアルゴリズムで使う乗数、定数項などのパラメータを自身で変更していきます。新しいデータを読み込んだり、予測成功・失敗の結果を入力に加えたりしながら、実行を繰り返すうちに、適切な予測ができるようになっていくわけです。

例えば、入力された目的地へ歩行するロボットも、最初は闇雲に突き進んで

壁に当たって転がったりしていたのが、やり直すうちにだんだん壁に当たる回数が少なくなり、最後にはどこにもぶつからずに目的地まで到達できるように改善されます。

AIシステムは、P.13で説明したように、さまざまな分野への対応が期待されています。それは、目的に応じたデータを使ってAIモデルを学習させることで、それぞれの現場にもっとも適した結果を得ることが可能になったからといえます。

■ AIモデルは学習すると予測精度が上がる

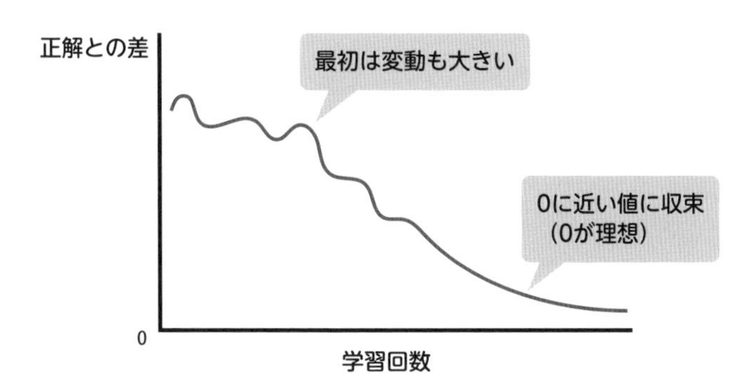

まとめ

- AIシステムとは、入力されたデータをAIモデルが判断し、何らかの処理をするシステムのこと
- AIモデルは、現象を人が理解できるように記述したもの
- AIモデルが「知能」を思わせるのは、学習して自らの性能を改善できるため

28 AIシステム開発の流れ

開発の現場は、どんなAIシステムを作るのかという方針の策定から、実際にAIモデルを使って問題解決が可能かの検討、そして作ったあとの運用まで、さまざまなことを決めながら進んでいきます。

AIシステムを作る流れ

AIシステムを開発する工程は、第2章で説明した通り「アセスメント」「PoC」「設計・開発」「運用・保守」の4つに分けることができます。

PMやプランナーはすべての工程に関わり、プロジェクトの進捗管理をして、顧客とのコミュニケーションの窓口になります。各工程では、それぞれ中心となる役割が異なりますので、本節では誰が何をするかを個別に説明します。

■AIシステムの開発過程と関わる人々

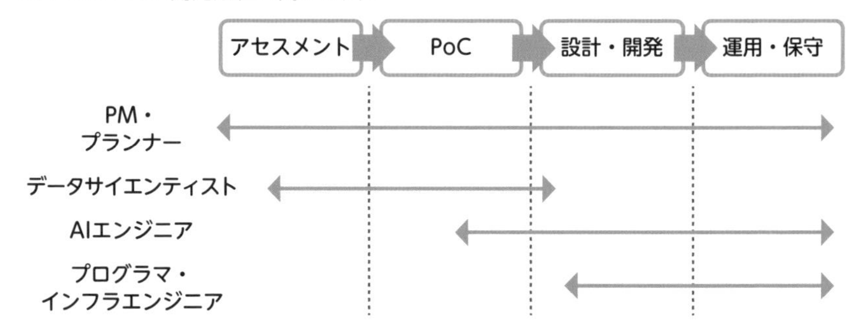

①アセスメント

AIシステムで何を解決するのかを決めます。PMや営業担当者を中心に顧客と打ち合わせを行い、どんなデータを収集して何を実現するのか明らかにし、合意をとります。プロジェクトの初期は、PMと顧客の間で話を擦り合わせていきます。やがて具体的なデータの話をする段階になると、データサイエンティストも参加します。

その中でプロジェクトマネージャは、納期や開発工程に必要な人数などを決めていきます。またデータサイエンティストは、PoCに向けてデータ収集の方法なども検討します。

② PoC

実際に簡易なAIモデルを作り、アセスメントの段階で立てた目標通りに動作するかを確認する工程です。この段階で目的に合ったAIモデルを作ることが技術的に難しい、コストが予想よりも大幅にかかってしまうなど、さまざまな問題が判明して目的が達成できないとわかり、プロジェクトが中止になったり、大幅な変更が必要になったりすることもあります。

PoCはデータサイエンティストを中心に作業を進めます。PoCの段階で「データが足りない」とわかったときは、データの蓄積や収集法を改善します。顧客の協力が必要な場合は、データサイエンティストが直接顧客とコミュニケーションを取ることもあります。必要に応じてデータを集め直すことが、PoCの品質や開発速度の改良につながります。

またPoCの工程でAIモデルを作るのは、データサイエンティストであることがほとんどですが、AIエンジニアがデータサイエンティストを兼ねている場合もあります。データサイエンティストとAIエンジニアが分業されている場合、設計・開発工程に進められる目処が立ってくると、AIモデルについてAIエンジニアへの引き継ぎが始まります。

③設計・開発

PoCの目的を達成したら、データを適切な形で入力するためのユーザーインターフェイスや、予測や分析などの結果を顧客が確認するためのレポート画面など、システム全体の設計と開発を行います。

AIエンジニアがシステム全体を設計し、開発は各部門のプログラマや顧客側のエンジニアとの共同作業になります。小規模なシステムであればAIエンジニア自身が開発することもありますが、データの入出力やログ作成、ほかのWebサービスとの連携、システムが動作する環境構築など、多岐にわたる作業が求められるので、実作業は各部門の担当者に依頼するのが一般的です。PoCで作ったAIモデルは、そのままの状態ではシステムに連結できない場合が多いため、システムに合わせてAIエンジニアが調整します。

AIシステムのテストをするときには、PoCと同等の精度が出ているか確認する必要があるので、データサイエンティストの協力も仰ぎます。

④運用・保守

AIシステム全体の開発を終えたら、実際に運用します。運用そのものはAIモデルを使わないITシステムとほとんど同じですが、AIシステムでは一般的なITシステムに比べてデータ量や計算量が大きいため、負荷への対応が要求されます。

また、環境の変化に伴って収集されるデータの性質が変化し、AIモデルの調整条件からずれて精度が低下してくれば、AIモデルの調整や再学習が必要になります。その場合、顧客側の操業環境がどのように変化したかを把握しなければならないことも多く、顧客との長い付き合いが求められます。

運用開始後、一定期間はAIシステムを開発したメンバーが運用・保守にあたります。しかし一定期間が経過したら、運用・保守専門のチームに担当を任せるのが一般的です。

AIモデルを作るか、AIモデルを使うのか

以上の流れで見てきたように「アセスメント、PoC」と「設計・開発、運用・保守」の工程では携わる部門が異なります。「アセスメント、PoC」では**AIモデルをどう作るか**、「設計・開発」と「運用・保守」では**AIモデルをどう使うか**という点に主眼が置かれています。

しかし、「設計ではAIモデルを作ってしまえば終わり」あるいは「運用ではAIモデルの開発工程を知る必要はない」ということはありません。運用に向けて大量のデータを扱えるようにAIエンジニアがAIモデルを調整することもあります。また開発されたAIシステムの精度がPoCの段階と同等なのかを、データサイエンティストも確認する必要があります。

またAIプロジェクトのチームは、ほかのITプロジェクトのチームと比較して、少人数であることがよくあります。案件によって統計や数学、画像処理や音声処理など、求められる技術も変わります。そのため、各担当者がいずれかの分

野に主軸を持ちつつ、お互い足りないところを補い合ったり同じ関心を共有したりしながら、プロジェクトを進めていきます。

■ さまざまな分野の人がAIプロジェクトに関わる

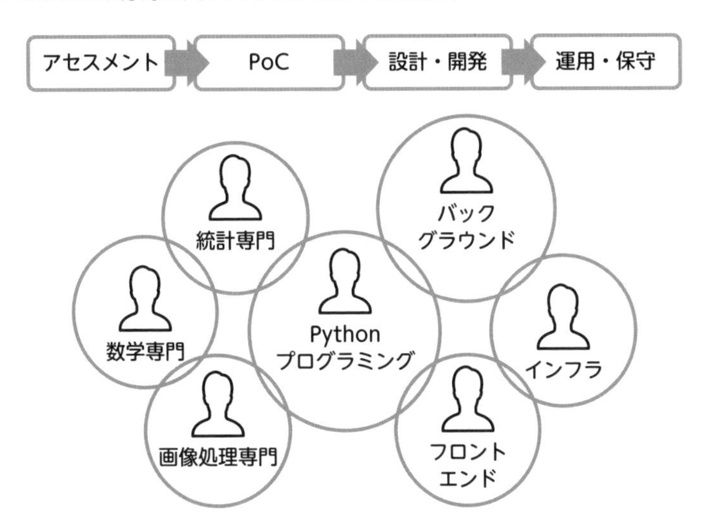

まとめ

- PMはすべての工程に関わる
- PoCではデータサイエンティストを中心にAIモデルを作る
- 設計・開発の工程では、AIエンジニアを中心としてAIシステムを作る
- 運用・保守は、専門のチームに任せるのが一般的

29 AIシステムに何をさせたいのかを決める

前節で紹介した全体の流れの各工程を、さらに詳しく説明していきます。最初のアセスメントの工程では、AIシステムに「何をさせたいのか」を決めます。実稼働を想定しながら、AIシステムのなすべきこととあるべき形を決めていきます。

AIシステムに何をさせたいか

AIシステムの開発依頼が来たとき、最初に実施する「アセスメント」では、顧客の要望を聞き出して実行計画を立てていきます。顧客が期待・要望する「AIシステムにさせたいこと」の例を以下に挙げます。こうした例を見ると、「そのAIシステムに対して人が何をするか」も、AIシステムを開発する上で必須の要素であることがわかります。

●現状の分析

例えば、単純に販売実績や契約実績の件数だけをカウントするのではなく、失敗例や成功例も含めてあらゆる要素を縦横・斜めに分析し、何が・なぜ良かったのか／悪かったのかを分析します。あくまで中立的な結果のレポートで、どのようにレポートを活用するかは人が判断します。

●将来の予測

現状分析からもう一歩踏み出して、時系列上の予測、異なる想定にもとづく結果を予測します。人は、それを受け入れるかどうかを判断します。

●人の仕事を置き換える

人が経験や直感で行っていたことをAIシステムに置き換えます。分析や予測の機能も含みます。「経験」や「勘」を数値化する作業が重要です。また、人の感覚や行動を置き換えるハードウェアの選択にも関わります。

●人の仕事を助ける

人の仕事を完全に置き換えるのではなく、人の仕事を効率化したり、作業の安全を守ったりします。対話や通知などを人の感情や利便を考慮しつつ行います。人が予測のつかない言動をしたときの対処も必要です。

■AIシステムと人の関係

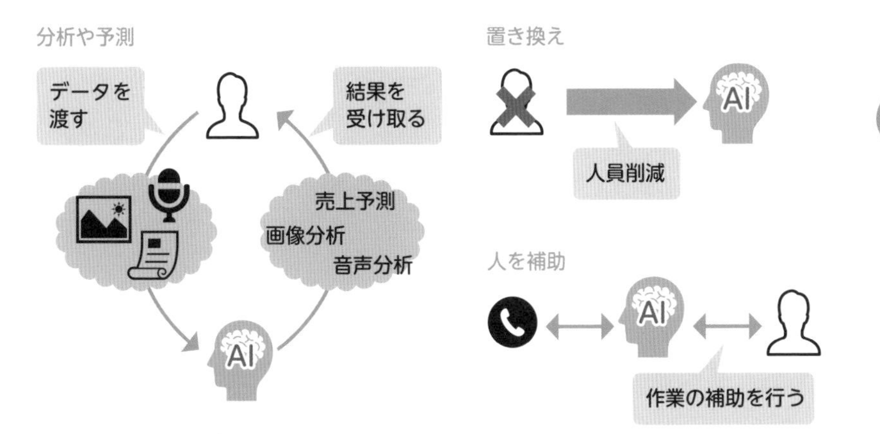

どんなデータを入れて、どんな結果を出力するか

AIシステムで一番重要なのは、頭脳となるAIモデルです。AIシステムで何をさせたいのかを検討したら、それを実現するために「何をデータとして与えて、何をデータとして出力するのか」を検討していきます。与えるデータや出力したいデータによって、どんなAIモデルを作るのか、既存のライブラリやAPIを活用するかどうかなどが大きく変わります。

入力するデータ

AIモデルに入力するデータは、ベクトルや行列の形をしています。

第2章では、「晴れ、くもり、雨」のようなデータを数値化したり、「70人」を「70人以上100人未満かどうか」という2値変数にしたりする工夫を紹介しました。

ほかにも画像なら、画素の1つ1つをグレースケールやRGBの16進値で表せますし、「隣り合う画素同士の色が同じか、違うか」で、輪郭を表せます。

■ 画像を数値化する

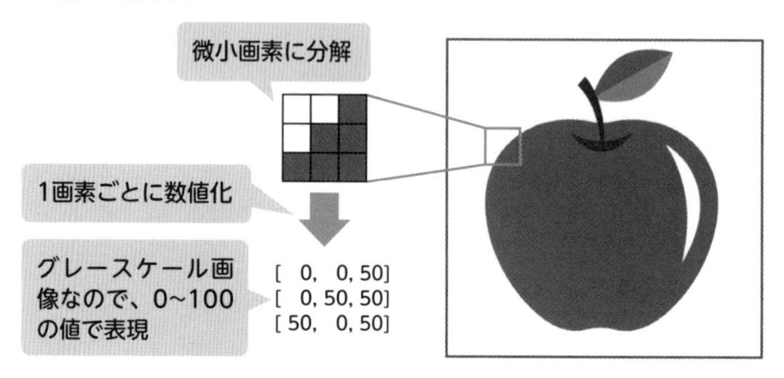

出力する結果データ

どのような形で結果を出力するかは「分析をしたい」「予測をしたい」などの目的によります。古典的なモデルの例を3つ挙げて説明します。

●分類

下記の図のような、入力されたデータを丸（●）と三角（▲）に分類するとします。実測値とは実際の値、ラベルとは実測値がどのような状態かを表す情報です。

■ 分類の例

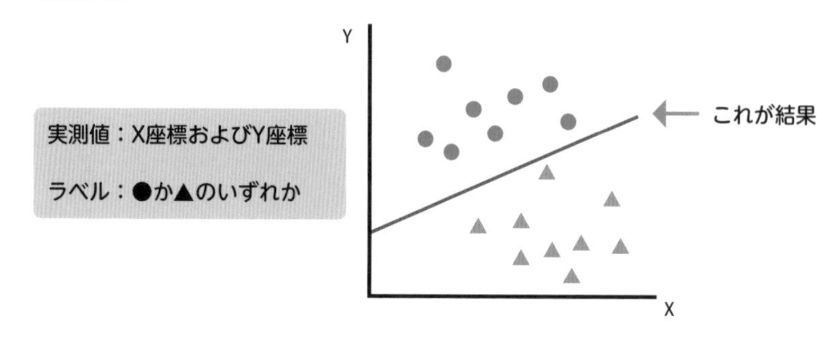

この例の場合、目的、モデル、結果を以下のように定義します。

目的	丸と三角を分ける境界（決定境界）を決める
モデル	境界をy=Ax+Bとし、このAとBを求める
結果	モデルを定めるAとBそれぞれの値

実測値とラベルを図にプロット（書き込み）して、実測値の丸と三角がもっとも接近しているところ、両者の中点、傾きなどから境界線を求めます。境界線がわかったらこの図にプロットすることで、その点が決定境界より上なら丸、下なら三角と判断できます。

●将来予測

次に将来予測の一例を挙げましょう。それぞれのデータの実測値とラベルは以下の通りとします。

■予測の例

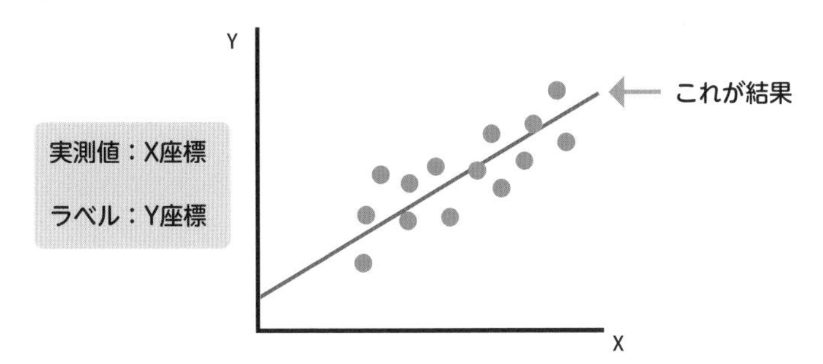

この例の場合、目的、モデル、結果を以下のように定義します。

目的	X座標に対するY座標を求める
モデル	XとYの関係をy=Ax+Bとして、このAとBを求める
結果	モデルを定めるAとBそれぞれの値

実測値とラベルを図にプロット（書き込み）して、プロットした点の位置からデータの傾向を見ます。それぞれの点からの距離ができるだけ小さくなるように、傾向を表す直線を引きます。将来を予測したいデータを傾向を表す直線上にプロットすることで、Y座標がいくつになるのかを求められます。

●クラスタリング

クラスタリングは、似たもの同士をひとまとめにする操作です。クラスタリングにはラベルがありません。

■クラスタリングの例

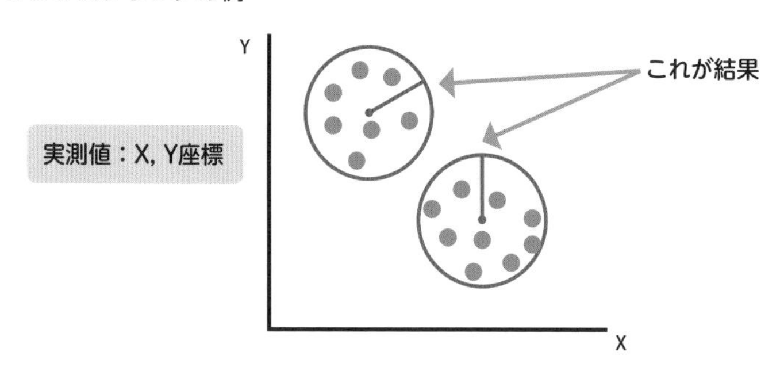

この例の場合、目的、モデル、結果を以下のように定義します。

目的	データをクラスタに分ける
モデル	適切な位置に、適切な数だけクラスタの中心点を置き、各中心点について固有の半径内にある点群を1つのクラスタとする
結果	クラスタを表す円の（X座標、Y座標、半径）という組み合わせを要素とする配列

X座標、Y座標がわかっている点をこの図にプロットします。クラスタを2つ作るとき、プロットされた点の位置から、2つに分けるのにもっとも適した位置にグループの中心点を置き、その中心点から一定範囲内に収まる点群を1つのクラスタであると見なします。

事象を数値で表す特徴量

このように、AIシステムのプロセスは数学的な処理なので、データの特性を**特徴量**という量で表します。量とは、「大きい／小さいを、ほかと比較できる」「真(1)か偽(0)かを判定できる」ということです。

例えば人の感情は、数値では推し量れません。しかし、「眉の角度」「口元の角度」「目の大きさ」などを数値化できます。これが特徴量です。人の感情を量るという難しい処理でも、捉えられるデータを数値化して、ベクトルや行列としてまとめれば、AIモデルで処理できるようになるのです。

■人の感情も数値化できる

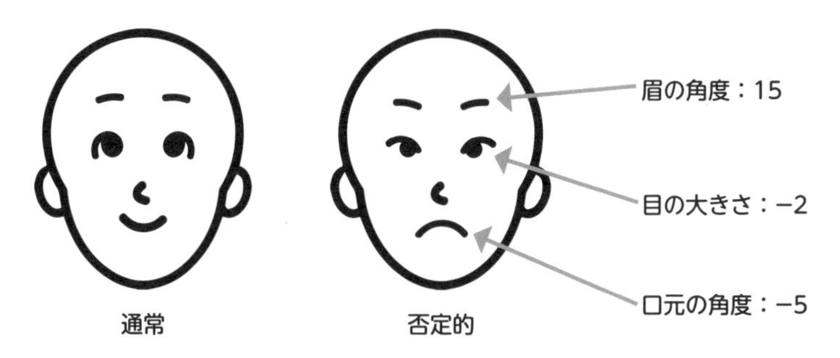

まとめ

- AIシステムで実現したいことの代表例として、現状分析、将来予測、人の仕事の置き換え、人の仕事の補助などがある
- どんなデータを入力し、どんな結果を出力するかで、使用するAIモデルの種類が変わる
- AIシステムのプロセスは数学的処理なので、データの特性を特徴量として表せる

30 AIモデルの学習

AIモデルには、モデルを構成する数式だけでなく、その数式をデータに合わせていく「学習方法」も伴います。ここでは、代表的な学習方法である「教師あり学習」と「教師なし学習」の仕組みを解説します。

AIモデルの学習とは

第2章でも述べたように、AIモデルはある事象のアルゴリズムを数式で表し、与えられたデータから分析や予測などの結果を出力します。そのアルゴリズムや数式を、あたかも知能を持ち自発的に作るかのような仕組みが機械学習です。機械学習にはいくつかの学習手法があるため、どのような方法で学習させるかを人が決めます。

教師あり学習の仕組み

AIモデルの代表的な学習方法の1つに、**教師あり学習**と呼ばれるものがあります。これは、求めたい性質がすでにわかっているデータを用いて学習させる手法です。「性質の正解がわかっている」という意味で「教師」と呼ばれています。「わかっている性質」を「ラベル」としてデータに付与します。

ラベルとは、ある値に対する正解値のことです。もっとも基本的な形は、すでに中学の数学で学んでいます。点(2,1)と点(6,3)を通る直線において、x座標が10のとき、y座標はどうなるでしょうか？　答えは「5」です。それは、x=2のときy=1であり、x=6のときy=3であれば、y=x÷2という数式（モデル）が成り立つからです。xがデータ、yがラベルだと考えれば、「データ2にラベル1が付けられている」「データ6にラベル3が付けられている」というわけです。

■中学校で学んだ「教師あり学習」の基本

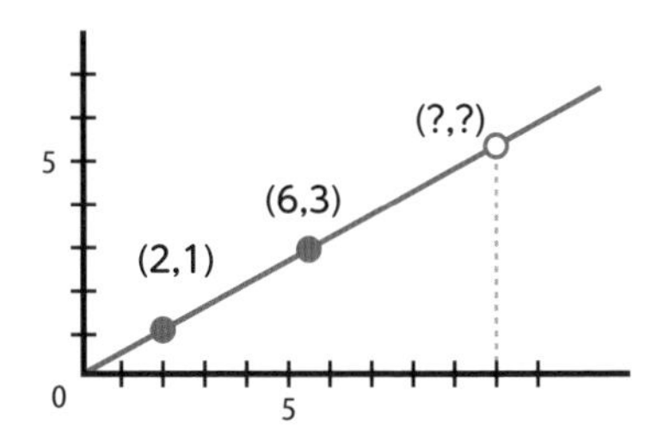

ここで挙げた数学の問題では、点(2,1)と点(6,3)の関係を「直線上に並ぶ数式」で表しています。ですから、すぐに「ラベル未知のデータ10」に対して「5」という予測ができるのです。しかしモデルは直線とは限りません。点(2,1)と点(6,3)を通るけれども、直線でない場合は、適切なモデルを選択するために、もっと多くのラベル付きデータが必要になります。

例えばほかのデータとして、(4,2)というデータがあったら直線ですが、(0,2)というデータがあると高次の多項式である可能性や、(5.5, 2)というデータあると対数が絡んでいる可能性がある……と考えながらモデルを選択しているのです。

■データによって適したモデルを選択する

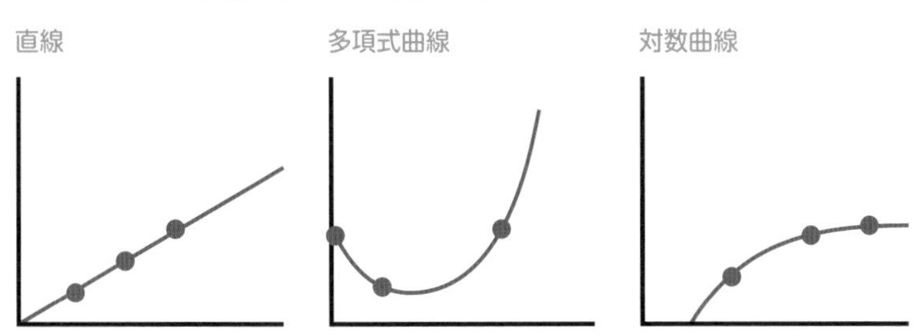

4次元以上のデータは見られない

数学において、データを目で見ることができないという状態は4次元以上（ある状態を4つ以上の情報で表す状態）です。3次元は、縦、横、奥行きで表現することができます。もし、犬の種類を判定するためのデータとして「顔の長さ、胴の長さ、尾の長さ、体重」を用いると、4次元データとなりグラフでは表すことができず、見えない犬、つまり視覚で評価できない状態になってしまいます。こうした場合は、一定方向の勾配（傾斜）の変化を求めて、分布曲線の形を決めていくような学習がなされます。

■4次元以上のデータは見えない

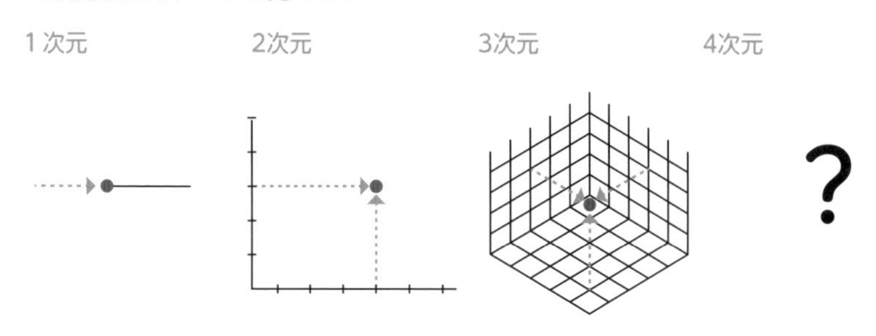

学習とは、新たなデータを読み込んでいくことだけではありません。例えば以下のような散布図を見てみましょう。図に水平な直線を引いた場合、真ん中付近では近似値が増え、左右の領域では上にプロットが多くあります。この場合、結果は2次曲線の可能性が出てきます。

2次曲線にすると、直線より近似値が増えるものの左側の領域にあるプロットが、曲線から離れた位置になります。線とプロットが離れないように、さらに曲線を複雑（高次曲線）にしていきます。

■各点との相関を見ながら、近似曲線を複雑にしていく

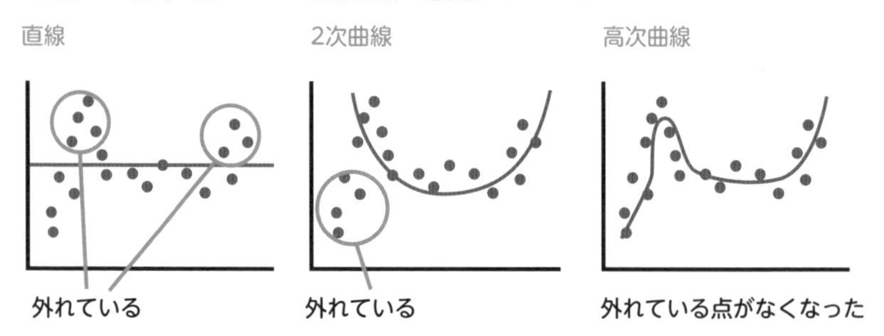

特定の目的を伴う場合は、その目的が果たされているかどうかを確かめなが

ら学習します。例えば生体認証で、「登録されている人物の認証は数回失敗してもいいが、未登録の人物は絶対に認証してはならない」という場合もあれば、スパム判断で「スパムが数件入り込んでもいいが、顧客からのメールは絶対に捨ててはならない」という場合もあります。こうした条件を数学的解釈に絞り込んでいくと、例えば「特定のラベルの点が、ある曲線の下にすべて来なければならない」というモデルになります。

その場合、曲線の上に点が出た場合の誤差は小さく、下に点が出た場合の誤差は大きく換算することで、目的から逸脱しないように補正します。これを「重み付け」と呼びます。

■重み付けが必要な場合

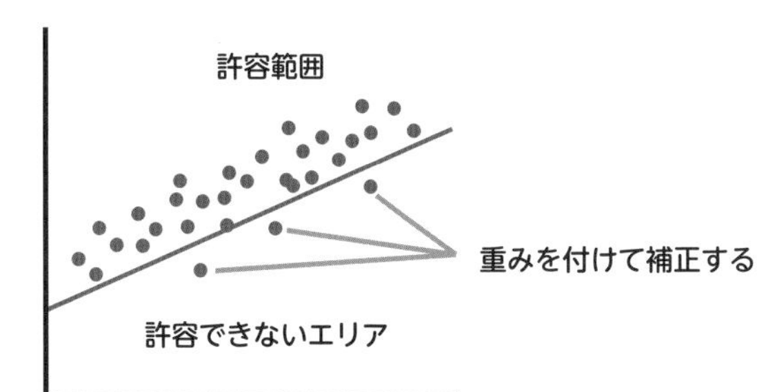

教師なし学習の仕組み

教師なし学習とは、大量のデータから特徴や法則を見つけるための機械学習の手法の1つです。学習に使うデータにラベルがない（正解値が付いていない）ため「教師なし」といわれます。

もっともよく知られているのは、分布データをグループ分けするクラスタリングです。この手法では、データの特徴からどこを中心点としてクラスタ（集合）を分けるかを決めます。「クラスタの範囲を決める中心点を動かしてもグループ分けがあまり変わらない状態」になると学習の終わりです。クラスタの数は、あらかじめ指定する場合もありますが、クラスタリングの手法によっては自動的にクラスタの数が決まるものもあります。

■ 教師がいらないクラスタリング

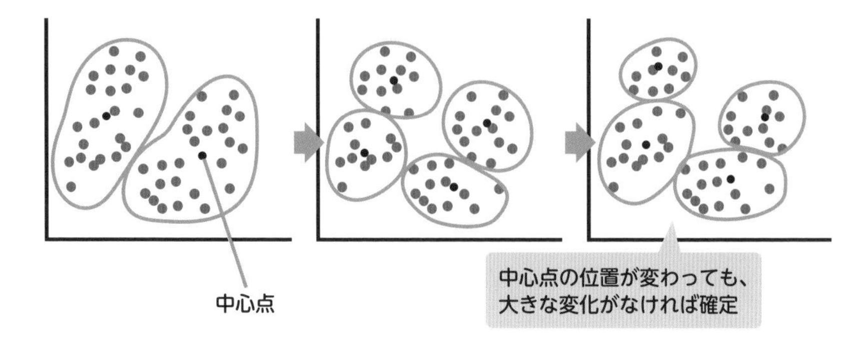

まとめ

- AIモデルを作る手法の1つが機械学習という技術
- 機械学習の代表的な手法に、「教師あり学習」と「教師なし学習」がある
- AIモデルの数式は、視覚で捉えられない4次元以上の問題になることが多く、経験と工夫で正解を探す
- 教師なし学習ではクラスタリングがよく使われている

31 AIモデルの検証と評価

AIモデルを作成したら、性能を検証し評価します。予測や分析の結果にどれほどの精度があるのかを判断する工程です。これを行うことで、実業務で使い物になるかどうかを明確にすることができます。

データの一部を使い行う検証とテスト

AIモデル作成のために収集したデータは、そのすべてを学習に使うわけではありません。学習したデータ以外の未知なデータを入れたとき、どの程度の精度が出るのか検証・評価するため、データの一部を学習には使わず残しておきます。もし、学習したデータで検証を行ってしまうと過学習（P.176参照）になる恐れがあります。

AIモデルを検証する方法によってデータの分け方は変わりますが、ホールドアウト法（P.169参照）という検証方法では、学習データは全データの60〜70%、検証データとテストデータの量をそれぞれ全データの15〜20%程度に分けます。検証データは学習したAIモデルのパラメータ調整に使用し、テストデータは検証後の最終評価で使用します。

■ 学習データ、検証データ、テストデータを使う流れ

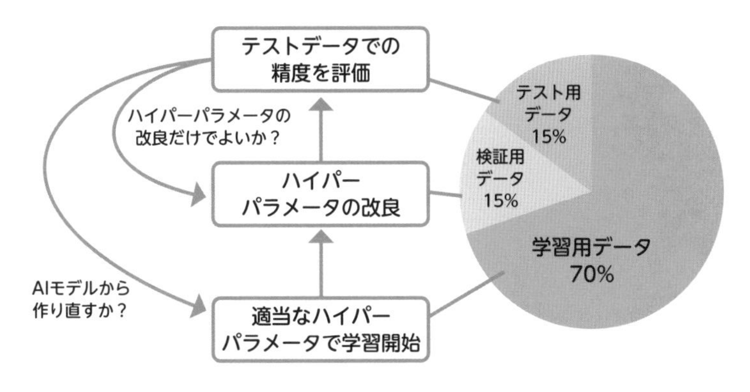

AIモデルの性能評価の基準

AIモデルの評価は、予測や分析結果の精度が高いかどうかによって決まります。

精度には、主に「予測に含めるべきものを含んでいるか（正解率または正確度）」「予測に含めるべきでないものが含まれていないか（適合率）」「似たようなデータに似たような予測がされるか（再現率）」という3つの観点による評価指数があり、分析の目的によって何を重要視するか検討します。特に適合率と再現率は、どちらも最大にすることが難しく、トレードオフとみなされます。

■ 性能評価の指数

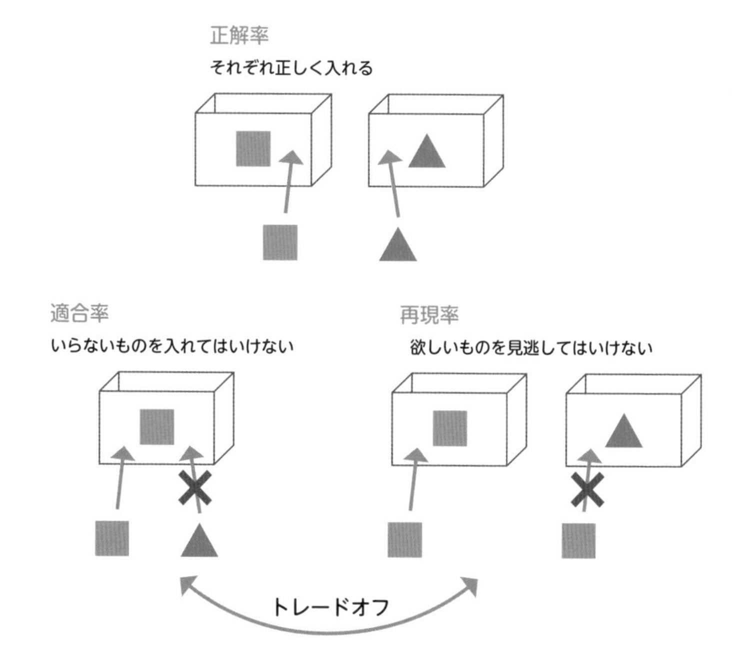

ハイパーパラメータを用いたAIモデルの改善

AIモデルの一部のパラメータを変更することで、評価が改善されることがあります。このようなパラメータは学習によって改善するものではない「初期設定」のようなもので、**ハイパーパラメータ**と呼ばれます。

ハイパーパラメータは、AIモデルの数式に組み込まれる以外に、しきい値（状態を判断するための境界値）、分類やグループ分けをする回数などに使われます。またP.114で説明した「直線にするか、2次曲線にするか、高次曲線にするか」にも、ハイパーパラメータの設定が関わります。

ハイパーパラメータの調整には、検証データを使用します。検証データの予測や分析結果を評価しながら、ハイパーパラメータを調整していきます。ハイパーパラメータを最適化したあと、テストデータを使って最終的な性能評価を行います。

ハイパーパラメータを調整しても精度が上がらない場合は、データの収集し直し、またはAIモデルのアルゴリズムそのものを考え直す必要があります。そうならないためにも、PoCのステップは細かく分けて進めていくようにしましょう。

まとめ

- AIモデルの作成に使うデータは、学習データ、検証データ、テストデータに分かれる
- ハイパーパラメータを調整するために検証データを使う
- テストデータはハイパーパラメータを調整したあと、最終的な性能評価のために使う

32 データの扱い方を考える

AIプロジェクトの成否には、データの扱い方が大きく寄与します。AIモデル作成に必要なデータ収集と加工には、まだノウハウや定番がありません。本節では、データ収集の際に気を付けるべきポイントを紹介します。

どんなデータを使うか

AIモデルを作るためには、とにもかくにもデータが必要です。どのようなデータを使うかは、案件によって異なります。すでに存在するデータを使うこともあれば、新たにデータ収集から始めなければならないこともあります。

●既存のシステムで収集したデータを使う

情報サービスやWebショップの運営を行っている企業は、自らの持っている大量のデータに対し、MapReduceやNoSQLなどのビッグデータ解析技術から発展してAIプロジェクトを始めることが少なくありません。より柔軟で簡単な情報検索法や、検索結果の精度向上、レコメンダ（推薦機能）などがAIモデルで実現されています。

●目的に合ったデータを収集する

既存のシステムがあっても目的に合うデータが収集されていない場合や、今まで人が行っていた作業をAIシステムに移行したいといった場合は、目的に合ったデータを収集します。新たにデータ収集をするときは、顧客やプロジェクトメンバーと、どのようなデータが必要かを明確にします。

業種や目的によっては自社の固有のデータを蓄積しなくても、Webショップやクチコミなど似た分野のデータをデータ会社から購入したり、研究開発用に公開されているデータを利用したりして、基本的なAIモデルを作成することもできます。インターネット上から自動で情報を収集する有料または無料のWebクローラーを使う方法もあります。ただし、Web上には虚偽や悪意ある情報も大量にあるので、データの取捨選択に時間と手間がかかる可能性があります。またデータを収集する際は、著作権法や個人情報保護法に抵触しないよう注意が必要です。

■ どのような考え方をするかで必要なデータ量が変わる

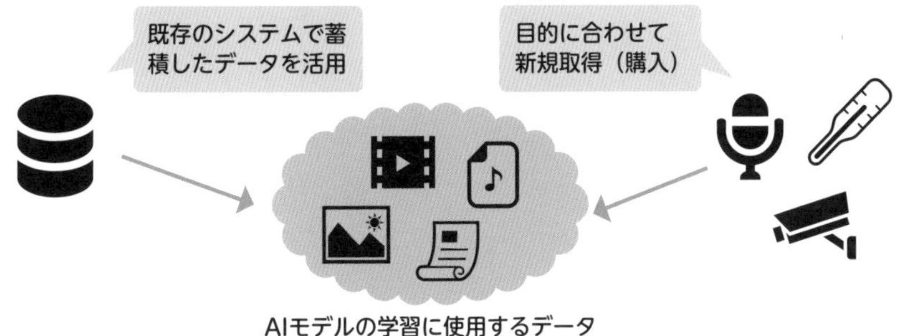

学習用データの収集

AIモデルの学習には、学習データの質が大きな影響を与えます。学習用データの数は多いに越したことはありませんが、同時にその品質も重要です。

画像認識で表情を判別するために集めた画像が、横を向いていたり、顔の半分以上が隠れていたりするような画像ばかりでは、正しく学習が行えません。

■ 顔認識に適さない写真

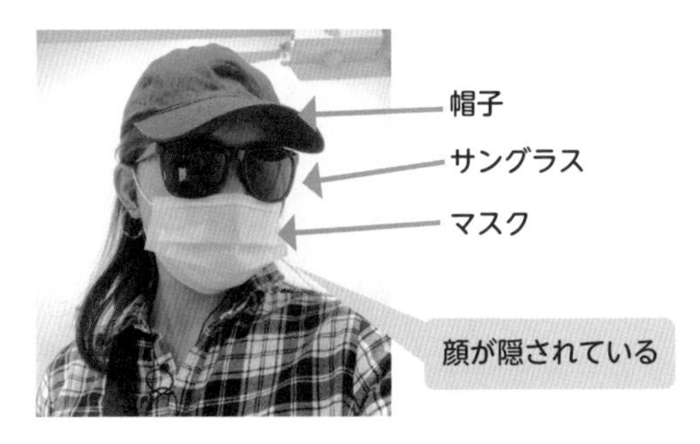

例えばP.133で説明するデータの加工のためにカメラやセンサでデータを収集している場合は、機器の位置や方向といった環境が変わっていないか確認する必要もあります。このように、プロジェクトの目的や性格を考慮しつつ収集

方法を決めていく必要があります。PoCの段階で、テストをしながら学習データの収集法を変えていくこともよくあります。

■ データ収集での環境変化

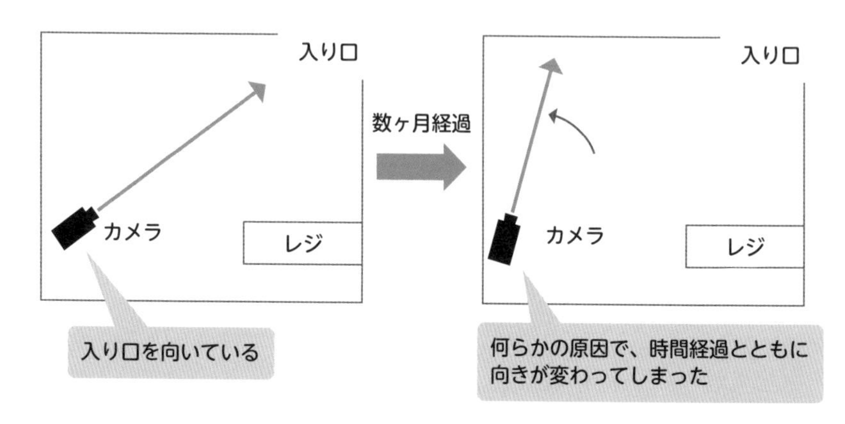

教師データを作るためのアノテーション

教師あり学習で使うデータに正解値を付けることを、**アノテーション**または**ラベリング**と呼びます。アノテーション作業では「これだけが正解」というラベルだけでなく、画像や記事から可能性のある複数の「タグ」を付けることもあります。

●ラベルがあるデータ

データのラベルは、収集時に付いてくることもあります。例えば、「ある商品の毎月の販売個数」であれば、「2019年4月」というデータに対し「500個」というラベルがすでに付いています。また、「魚の体長から年齢を予測するためのデータ」を、養殖場などで生まれ育った個体で測定すれば、年齢というラベルが付いてきます。こうしたラベル付きのデータを取得できた場合は、アノテーション作業が不要なこともあります。

●人力頼りのアノテーション

画像認識、翻訳、文書の内容分類などの場合は、アノテーションに何らかの判断が必要です。アノテーション自体を機械学習で行う方法も進んできていますが、正確なアノテーションが要求されるデータについては、まだ人力に頼るのが現状です。中にはアノテーションだけを請け負うAIプロジェクトもあります。

正確なデータ入力を担保する

ではデータのアノテーション作業は、具体的にどのように進めるのでしょうか？　AIビジネスが発展してきた現在、データが並ぶ表計算シートに数値や文字を1つずつ入力するようなことは、ほぼありません。有償もしくは無償で提供されているアノテーションツールを使います。

アノテーション作業・管理ツール「Amazon SageMaker Ground Truth」
https://aws.amazon.com/jp/sagemaker/groundtruth/

■ Amazon SageMaker Ground Truthのコンソール画面

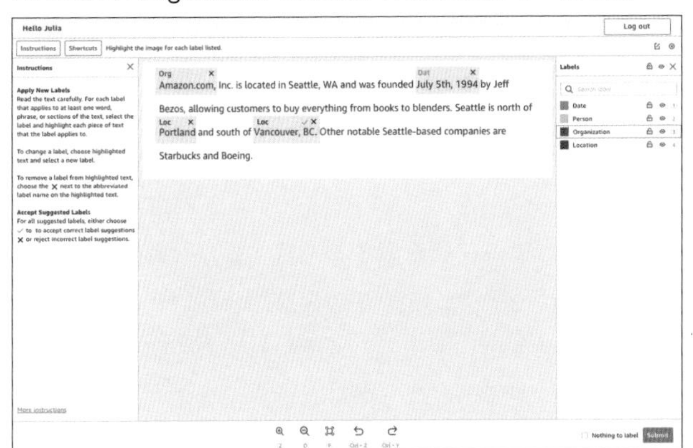

データのラベル付けを行う。操作しやすいインターフェイスが用意されている

画像認識であれば、矩形の領域（バウンディングボックス）をマウスで動かして認識すべき対象を抽出し、ラベルやタグをリストから選べるツールを使います。自然言語処理であれば、品詞ごとに色の違うリボンが用意されていて、名詞は赤、動詞は青のように、マウスクリックで色分けしていくツールなどを使います。

第三者に依頼してアノテーションするときは、すべてを任せるのではなく、アノテーションツールの管理者コンソールなどから集計されたデータをチェックし、偏りやばらつきがないか、極端に異なるデータがないかを確認します。

人や環境に左右されないデータを作る

データは、できるだけ正確であることが重要です。そのためには、さまざまな誤差を排除しなければなりません。

●個人による影響

人がアノテーション作業をする場合、「人による誤差」「作業者の間違い」などが発生します。勘違いや疲れはもちろんですが、画像や記事の内容が良くも悪くもそれを扱う人の関心を引くものであれば、内容に気を取られて機械的・中立的なアノテーション作業を阻害する恐れがあります。連続的に作業していくうちに、自分の判定基準が少しずつ変わっていくこともあります。

そこで管理者がアノテーションの結果を総合的に分析し、「ばらつきの多いデータ」「相互に依存関係のありそうなデータ（あるデータをAと判定した人に限って、ほかのあるデータをBと判定する傾向がある）」を排除して、学習データをクリーンアップします。

●環境による影響

カメラやセンサなどで自動的にデータを計測する場合、センサは無人または簡単には触れられない場所に置かれます。そのため人が知らない間に、カメラやセンサの状態に変動が加わるかもしれません。地震や何かの衝撃で微妙に位置がずれる、停電やプラグ抜け、電池切れなどでリセットされるといったトラブルは実際によく起こります。多くの場合、データの取り込みシステムが極端な異常値や連続的な（望ましくない）値の推移などを検知して、管理者にアラートを送るサービスがあります。

PoCで用いるデータは、可能な限り現場から取ってくるべきです。実験室レベルでは精度よく検出された音声データが、現場では機械や換気扇の音にかき消されたり、温度を均一と想定してAIモデルを作ったものの、現場では場所により温度差が生じたりすることがあります。その一方で、細かい変化にも対処できるようAIモデルを作ったのに、現場ではほとんど無視できる差異だったということもあります。

●ノイズか情報か

「採取したデータの変動が、長らくノイズとして切り捨てられてきたが、解析してみたら重要な物理現象であることが判明した」というようなことは、学術研究の世界によくあります。

もしAIプロジェクトの目的が、「AIによってこれまでなかった発見」であるなら、ノイズと思われるデータも学習データに加えるべきです。しかし、「人の作業を置き換える」などはっきりとした目的があるなら、そのノイズ的データが目的に貢献するかどうかをよく吟味した上、取捨選択が必要です。

ノイズ的データを簡単には棄却せず、AIモデルがどうしても現実に合わない、特定の場合に限って合わないという問題が出てきたら、改めて考慮してみるという手もあります。

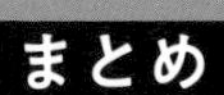

まとめ

- AIプロジェクトの成否には、データの扱い方が大きく寄与する
- 目的に合ったデータ収集が必要
- 販売されているデータや公開データを利用して基本的なAIモデル作成も可能
- 学習データの準備には、データのラベルづけ（アノテーション）が必須

33 システムの規模を検討する

AIシステムは取り扱うデータ量が大きくなりがちです。学習には多くの計算処理が必要なため、データの処理に用いる高速なCPUやGPU、データを保存するための大容量のストレージが必要です。

学習に必要な計算能力

AIモデルの学習とは、学習データを使って、あるデータを与えたとき適切な結果が出力されるように調整する処理です。この調整は、AIモデルが複雑であればあるほど、そして学習するデータ量が多ければ多いほど、時間を要します。

■ PoCを効率よく回すには、学習時間の短縮が欠かせない

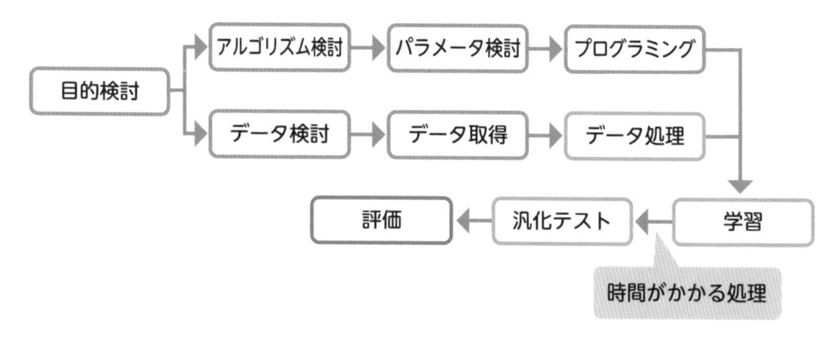

●処理能力が高ければ、それだけPoCを回せる

AIシステムの開発において、もっとも時間がかかるのがPoCです。PoCでは、実際にデータを集めてAIモデルに学習させ、どれ程の精度が出るかを確認します。データ集めや学習に時間がかかると、PoCに必要な時間が多くなります。データ集めはともかく、学習はコンピュータの処理能力で費やす時間が変わってきます。高速なコンピュータを導入すれば、それまでは1週間かかっていた計算を1日で終えることもできます。学習を高速化することで、条件を変えて試す回数を増やせるため、短期間で効率よくPoCを回せるようになります。

●学習を高速化するGPU

学習で行う演算処理は、コンピュータの頭脳と呼ばれるCPU（中央演算処理装置）よりも、コンピュータ内でCPUを補助してグラフィック処理を専門に受け持つGPUのほうが得意です。GPUは3次元座標の計算などの算術的な処理に使われていますが、これが学習の演算処理にも高い親和性を持ちます。

そのためAIモデルの学習には、GPUを搭載したコンピュータが広く応用されています。特に深層学習（ディープラーニング）は計算量が膨大なため、GPUの搭載が必須といえます。一方、最近では機械学習専用のプロセッサも開発され始めており、今後はGPUの転用ではなく機械学習専用プロセッサを使うようになるかもしれません。

■ GPUが得意とする処理

同じような計算を画素の数繰り返す

単純な行列変換を膨大な件数並列して行う

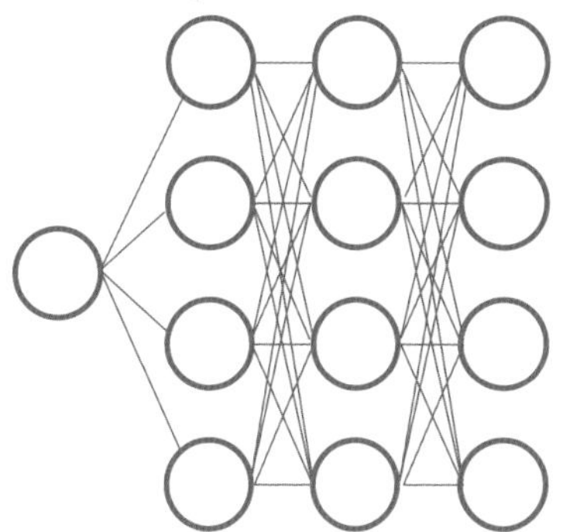

●クラスタ・ネットワークを構築して高速に処理する

大量の複雑な演算処理を行う場合は、クラスタ・ネットワークを構築して処理を分散すれば、計算にかかる時間を短くできます。AIシステム開発を主業務とする企業では、クラスタ化したAIモデル学習用の構成を持っていて、従業員が共有して利用できる仕組みを備えているところもあります。

クラスタ・ネットワークはMPI（Message Passing Interface）という、並列コンピューティングを行うための通信規格を利用することで実現できます。外部のコンピュータからシステムにアクセスするときはTCP通信を行い、MPI通信を利用して計算処理を分散させます。

■クラスタ・ネットワークを利用する

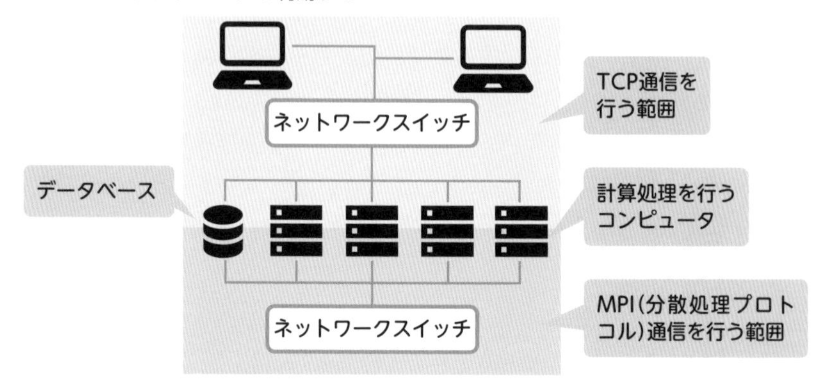

●使いたいときだけ使えるクラウド

AIモデルの学習で、クラウドの活用は効果的です。高い処理能力が必要なのは学習するときだけなので、コンピュータを自前で保有せず、必要なときに必要な分だけ借用できるクラウドなら、コストを抑えることができるからです。

コンピュータの性能は年々向上していますが、企業やプロジェクトでコンピュータを購入して所有することになると、長く使い続けることになります。クラウドなら、すぐに新しいものに置き換えて使用できるのが、大きなメリットであるといえます。

管理面でもクラウドのメリットがあります。処理能力が高いコンピュータは消費電力が大きく、コンピュータの発熱も無視できないレベルです。深層学習専用のコンピュータの中には、専用に安定した電力を引かなければ動かないようなものもあります。オンプレミス（自前の設備）で運用しようとすると、そうした手間も、すべて自社で担当しなければなりません。

こうした理由から、AIではクラウドを使うことが増えてきています。

○ 取り扱うデータ量

本番環境では、取り扱うデータ量についても検討する必要があります。これは、ネットワーク回線のデータ伝送量（帯域）や、データを保存するストレージの容量を決める指針となります。

●ストレージ

AIシステムでは、ビッグデータと呼ばれるとてつもない量のデータを対象に学習することもあります。ビッグデータを扱うとなると、従来のストレージでは、十分な速度でデータ処理や検索が実行できないこともあります。そうした場合は、リレーショナルデータベースではなく、キーバリューストア（キーと値の組み合わせのみでデータを管理）などのより軽量なデータベースにデータを保存することもあります。

●ネットワークを流れる通信量

AIシステムが中央（Webサーバなど）にあって、各端末（データの取得場所）から送信されるデータを処理するようなシステムを構成する場合は、各端末からどれだけのデータが、どのぐらいの間隔で送信されてくるのかを検討しなければなりません。

例えばPOSレジの売上データを都度送信するなら、そのデータがどのぐらいの頻度・量になるのかを、日々の来店者数などから想定して算出します。

●端末で事前処理してデータを抑える

音声や動画などは、データ量が多くなりがちです。こうしたデータをそのまま流すと大きな帯域を必要とします。そこで、事前にデータを圧縮したり、一部を端末で処理してから送信したりするなどの対策が必要です。また、都度送信ではなく、いったんまとめてから、毎時や日次で送信すれば、データ量を抑えられます。

データ量を抑えるために使われている技術が、カメラやセンサが設置された端末（エッジ）側でデータを処理する**「エッジコンピューティング」**です。例えばビデオカメラで撮影した映像から、画像認識を使って「何人来場したか」を数えるAIシステムを構成するとします。このとき、ビデオカメラの映像を中央（サーバ）にそのまま送って中央で処理する方法では、ビデオのデータ伝送量が増大してしまいます。

これに対して、カメラが設置された端末側のマイコン（小型コンピュータ）などで画像認識を行い、「何人」というところまでを処理して、人数だけを中央に送る方法もあります。こうすることで、帯域を抑えるとともに、動画がネットワークを流れないことによりプライバシー保護の効果もあります。

■エッジで処理してから中央に送る

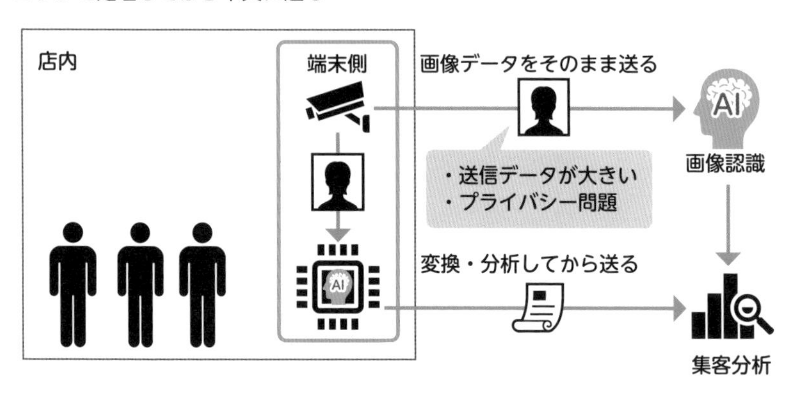

耐障害性

ビジネスでシステムを運用する場合、大なり小なり**耐障害性**が求められます。重要な基幹システムは、一部で障害が起きたときにも使い続けられるような冗長構成が必須となります。

●冗長構成

耐障害性を高めるための基本は、サーバやデータベースなどを2つ以上用意する冗長構成です。片方に障害が発生して処理ができない状態になっても、もう片方に切り替えて処理を続けられるようにします。障害が発生したときにどのように切り替えるか、障害が解消されたときにどのように復帰するかなど、検討・準備すべきことは多岐にわたります。特にデータベースを冗長構成にする場合は、複数のデータベースで同じデータを保持する必要があるので、データの同期をどのように実現するかが鍵になります。

●負荷分散

運用時に高い負荷が予想される場合、その負荷を複数台に分散できるような構成をとります。例えば同一構成のサーバを複数台設け、その上流に負荷分散装置を構成して、サーバの負荷に応じて通信を振り分けるようにします。

負荷分散の構成も、冗長構成と同じく構成が複雑です。どのサーバに接続されても同じように動くように、アプリケーションを作っておく必要があります。また、アプリケーションをこのように作るには、設計時点で負荷分散構成を考慮する必要があります。

■冗長化・負荷分散の構成例

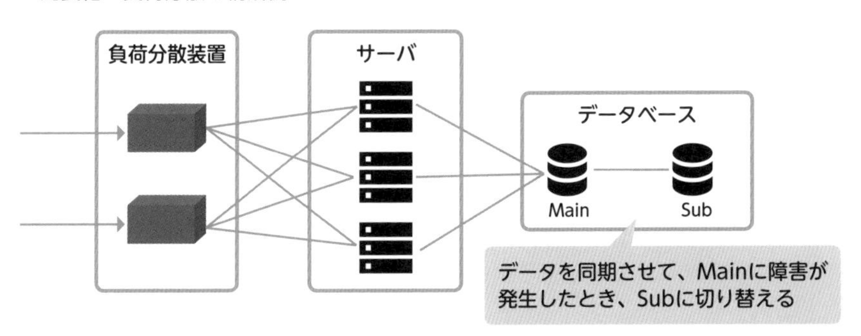

まとめ

- コンピュータの処理能力がAIプロジェクトの進捗速度に直接影響する
- GPUやクラスタ・ネットワークで学習の高速化が図られている
- クラウドサービスを利用することで、コンピュータの管理コストを下げられる
- 端末でデータを処理をするエッジコンピューティングでデータの送信量を抑えられる
- 障害に備えて、冗長化と負荷分散の対応は必須

34 AIシステムに必要な仕組み

AIシステムの頭脳となるAIモデルは、集めたデータを処理して結果を出すだけです。AIシステム全体を構築するには、データを取り込む機構が不可欠です。出力側にも、グラフで表示したり、ほかのシステムと連携したりする機能が求められます。

AIシステムへのデータの入出力

AIシステムが分析対象とするデータは、POSレジなどほかのシステムや各種センサ、マイクやビデオカメラなど、外部からやってきます。AIシステムには、こうしたデータをAIモデルが取り込めるように変換する機構が必要です。

またAIモデルから出力されたデータは、人の目に見える形など、活用できる状態に変換する必要があります。グラフ化や別システムへの転送、異常が発生したときのメールなどによる通知など、目的に応じて適切な出力方法を検討します。

つまりAIシステムには、頭脳となるAIモデルの前後に、入力データの処理と出力データの処理が必要なのです。

■ AIモデルの前後には入力データと出力データの処理が必要

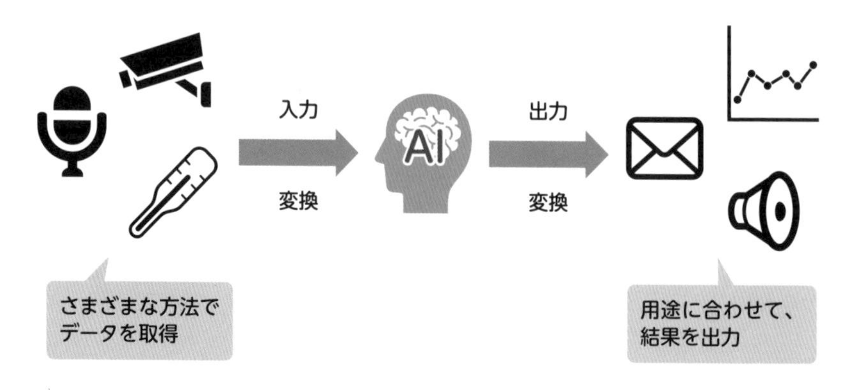

データ入力前の処理

すでに説明したように、AIモデルが受け入れられるデータの形式は、数値化されたベクトルまたは行列です。ほかのシステムから取得した各種センサ、マイクから拾った音声信号、ビデオカメラの映像などのデータは、AIモデルに渡すために上記のような数値化を行う必要があります。同時に、学習に関係のないノイズを除去したり、うまく取得できなかったデータを排除したり、適切な大きさにリサイズしたりといった前処理も入れます。

例えば人の音声を処理するのであれば、声として聞こえる周波数以外を除去するフィルタ処理をします。画像処理であれば、拡大／縮小、回転、ときには色調補正などもして、対象を判定しやすくします。こうした前処理によって、AIモデルの性能は格段と向上します。

どのような前処理をするのかは、AI技術とは別の分野です。すべてのエンジニアがこうした分野に詳しいわけではありません。特に、センサなどのハードウェアを伴う場合は、組み込みエンジニアやハードウェアエンジニア、IoTエンジニアと共同して、こうした作業を行うこともあります。

■ AIモデルの性能は前処理で決まる

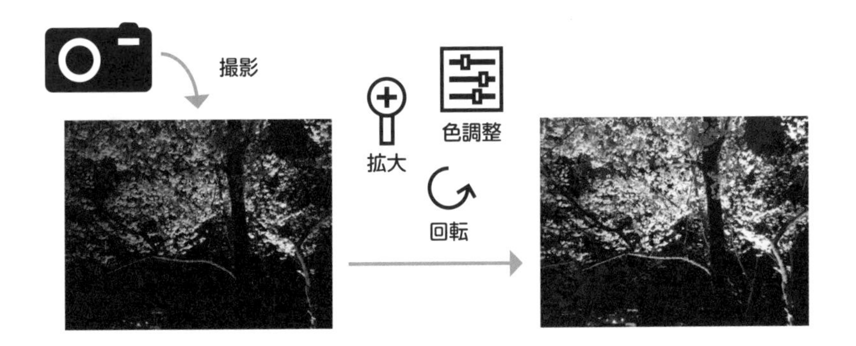

出力データの加工、表示、分析

AIモデルで処理した予測や分析結果は数値で出力されます。数値だけ見ても人にはわかりにくいので、グラフ化などの加工をしてわかりやすくします。簡易的なものであればAIエンジニアが作ることもありますが、プログラマに開発を依頼する場合もあります。

また出力データのすべてを見る必要があるとは限りません。そもそも、大量のデータを人がすべて確認するのは時間や労力を考えると現実的ではないといえます。例えば異常検知システムなら、「異常値だけを見る」「異常が発生したら警告音やメールなどで知らせる」といった仕組みにしておけば、正常時のチェックを人が担当せずに済むわけです。

AIシステムによっては、結果をほかのシステムと連動させることもあります。売上予測するAIシステムで商品の自動発注まで行うのであれば、別の発注システムを通じて発注するような仕組みも実装する必要があります。

■出力データのその次は？

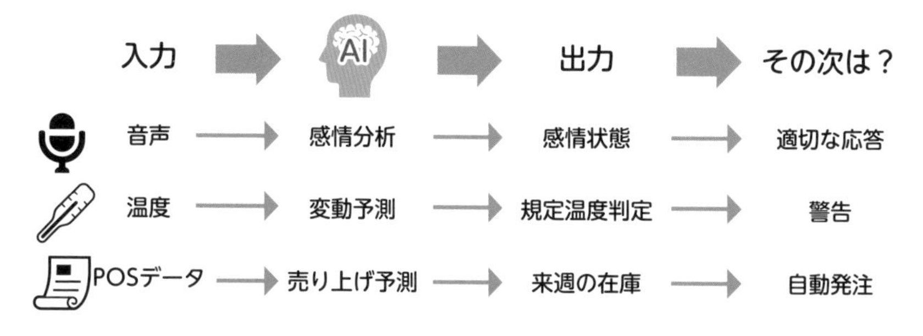

Webシステムやスマホとの連携機能

AIシステムを実際に操作するには、ユーザーインターフェイスが必要です。専用のアプリケーションを使用することもありますが、近年ではWebシステムが使われることがほとんどです。Webシステムであれば、パソコンとスマホのどちらでも操作できるほか、Web技術は十分に浸透しておりエンジニアの数が多いため、短期間で見やすく使いやすいシステムが作れます。

■ AIシステムのインターフェイスはWebシステム

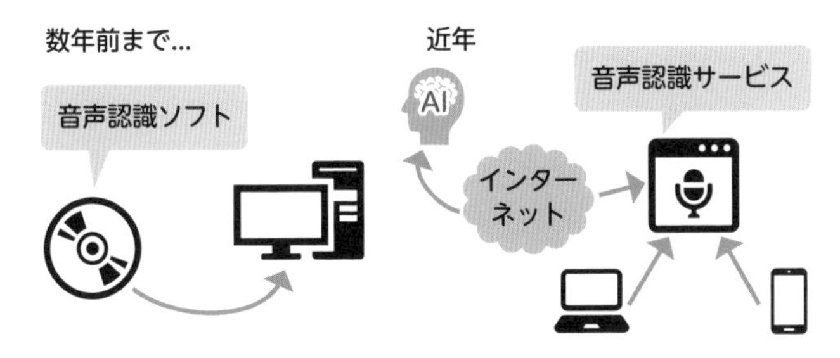

● Webシステムから AIモデルを実行する

Webシステムから AIモデルを実行する場合、AIエンジニアを中心として、フロントエンドプログラマやバックエンドプログラマなどが連携して開発にあたります。

バックエンドプログラマは、サーバにAIモデルを配置し、それを外部から実行できるような仕組み（API）を定義します。フロントエンドプログラマは、Webブラウザやスマホで実行されるプログラムから、バックエンドプログラマが用意したAPIを実行します。するとユーザーの操作に応じて、AIモデルを使えるという仕組みです。

こうした仕組みはAIシステム固有のものではなく、従来のITシステムで採り入れられている一般的な仕組みです。AIシステム全体の開発については、第7章で掘り下げていきます。

まとめ

- AIシステムには、AIモデルとは別に、データの入力、結果を表示する仕組みを作る必要がある
- 入力データ取得のためには、専門のエンジニアと共同で作業することがある
- AIシステムを操作するためのユーザーインターフェイスとして、Webシステムを開発することが多い

Jupyter Notebook

PoCの段階では、可視化したデータから傾向を調査したり、AIモデルを試作したりします。こうした場面でよく使われるのが、Jupyter Notebookです。

■ Jupyter Notebookのトライアルページ

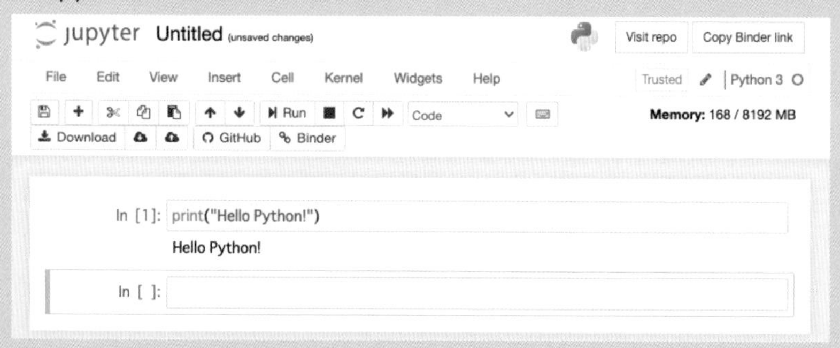

Jupyter Notebookは、Pythonの「コード作成・実行環境」です。コードを少しずつ書きながら、部分的に実行できます。また、Matplotlibで記述したグラフ、LaTeXと連携したライブラリで記述した数式なども見やすい形で表示できます。

Jupyter Notebookを導入する方法はいくつかありますが、AnacondaというPythonのオールインワン環境をインストールすると、Jupyter Notebookも一緒にインストールされます。

Python開発者の間で「ノートブックで作ってみた」というと、「ノートPC」のことではなく、「Jupyter Notebook」を指していることがほとんどです。手軽に実行確認ができるので、PoCの強力なツールといえます。

Jupyter Notebook

https://jupyter.org/

Anaconda

https://www.anaconda.com/

6章

AIモデルの構築とPoC

AIシステムの核となるのはAIモデルです。問題解決の手法を実証しAIモデルを構築するPoCは、AIシステムの開発において重要な工程です。この章では、AIモデルの構築とPoCの流れを説明します。

35 PoCの重要性

PoC（Proof of Concept＝概念実証）は、AIモデルが実際に使えるかどうかの判定に至る重要な工程です。データサイエンティストやAIエンジニアの本領がこのPoCといえるでしょう。

実現可能かどうかを検証する

AIシステムの開発におけるPoCは、核となるAIモデルを試作（トライアル）してから実証し、製品化できるかどうかを判断する重要な工程です。PoCの目的は主に2つあります。1つはビジネス面での実証、もう1つは技術面の実証です。

もし、ビジネス面もしくは技術面で実証が難しいと判断されたときには、抜本的な変更やプロジェクトそのものが中止になることもあります。

■AIシステム開発工程におけるPoCの位置

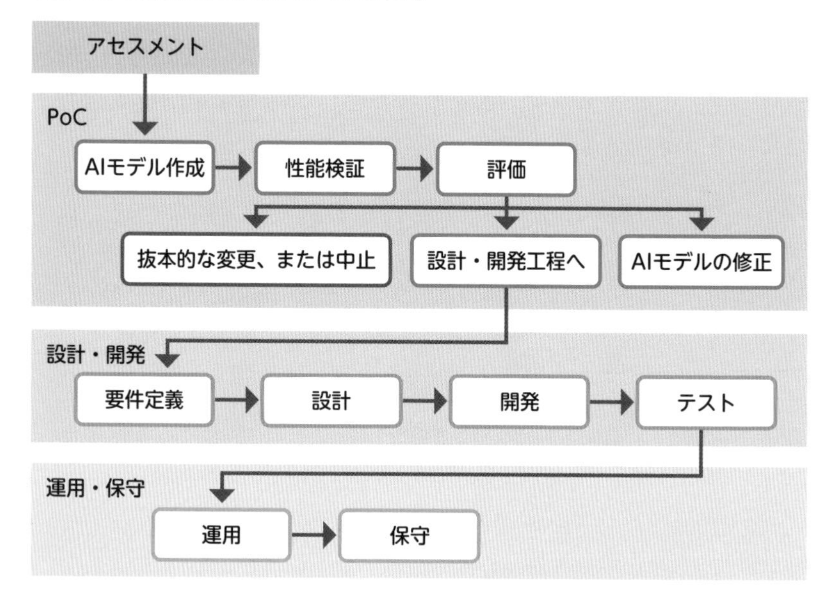

製品化の利益やリスクの実証

ビジネス面の実証とは、「AI導入に伴うリスクとリターン」の実証です。顧客の納得を得るための利益やリスクの試算、市場へのインパクトの予測をグラフや数値で表すことまで考慮し、コストに見合った製品を作れるかどうかを実証していきます。

技術的に実現可能かどうかを繰り返し試行する

技術面の実証とは、「人の手で行う検品作業をAIで自動化」といった具体的な目的に対する実証です。AIモデルの作成にあたるAIエンジニアは、主にこの技術面での実証に関わります。

PoCでは作業工程のうち、どの工程にAIを導入するのかを決めます。AIモデルに必要なデータを集め、データの性質を見ながらAIモデルを作ります。AIモデルにはさまざまな手法があり、データの性質によってどの手法が効果的なのかは異なります。AIモデルができたら、十分な精度が出ているかを検証します。精度が低い場合は、パラメータのチューニングや使用するアルゴリズムの変更、使用するデータの取り直しなど、試行を重ねていきます。

技術面の実証といっても利益やリスク無視で行ってよいものではなく、常に実用化を考慮しながら作業を進めます。

- **PoCは、AIモデルの構築と検証というAI技術の中核を含む、製品化における重要な段階**
- **PoCでビジネス面もしくは技術面で実証が難しいと判断されると、プロジェクトが中止になることがある**
- **AIエンジニアが関わるPoCは、「AIで何をやりたいか」という概念の実証である**

36 AIモデルの試作で「何を」分析するのか

経営や生産、販売の現場で生じている問題をAIシステムで解決するには、その問題の「何を」AIシステムで分析するのかを決めなければなりません。抽象的な望みを紐解いていくと、具体的なアルゴリズムが浮かび上がってきます。

目的達成の手段を分解する

AIシステムを用いる目的の多くは、分類や予測などです。より具体的に落とし込むと、「画像をカテゴリに分けたい」「売上を予測したい」というようなことになります。

ただし、「ある手法を採用すれば、それでAIシステムの目的が達成できる」とは限りません。手段と目的達成が直結しないときは、目的達成の手段を分解して、複数の手段を組み合わせていく必要があります。

2値問題も目的や状況によって手法は変わる

解が「はい」か「いいえ」のいずれかとなる「2値問題」を例に挙げましょう。例えば、「A社と契約すべきか否か」という判別をしたいときに、比較する対象や状況、目的によって、分析すべき内容が変わってきます。

契約先を「A社にするかB社にするか」という場合の「A社にすべきか否か」であれば、どちらかの会社に悪材料がなければ、同じ仕様で見積をとって比較する方法に行き着きます。

一方で「A社と契約することが利益か不利益か」という問題であれば、A社と自社の契約実績、A社と他社との契約事例、A社の社会的評価などを分析しなければなりません。このとき、契約実績といっても、契約回数か、契約金額か、納期か、もしくは、すべてを考え合わせたレーダーチャートのようなものを作るかなど、方法がいくつもあります。

このように、「A社と契約すべきか否か」という課題を解決するにしても、目的によってさまざまな方法があり、どのような手法を採るかで結果は大きく違ってきます。

■「A社と契約すべきか否か」は単なる2値問題ではない

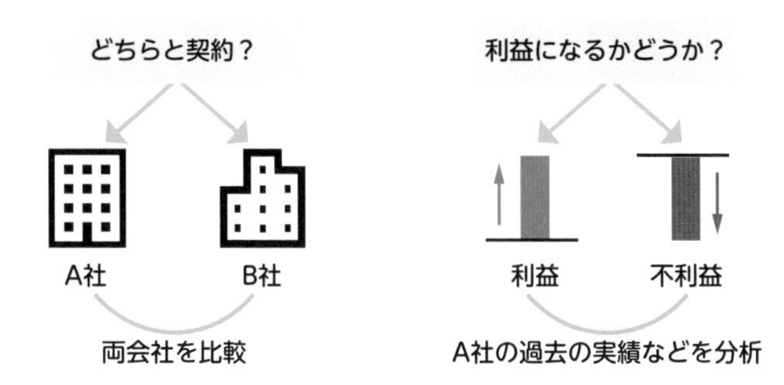

●画像処理の方法もさまざま

AIの要望として多い画像認識についても、「何を」認識したいのかによって手法が異なります。「画像検索の精度を上げたい」という目的であれば、画像からできるだけ多くの物体を抽出して、「植物」「動物」「人」などのタグを付けることが求められるでしょう。

また、「暖かい」「爽やか」など曖昧なキーワードで検索したときの精度を高めるときには、各画素の「RGB値」が手掛かりになります。赤・橙・黄系のRGB値を持つ画素が多い画像は、「暖かい」で検索する人を満足させる確率が高いと考えられます。一方「爽やか」という場合、「山・森林系の爽やかさ」なら緑系、「空・海系の爽やかさ」なら青系、「柑橘系の爽やかさ」なら橙・黄色系とさらに分類できることでしょう。

画像の判定は、輪郭を判定することでもあります。輪郭は、隣り合う画素同士のRGB値が何かの基準を超えて異なる箇所です。輪郭抽出は、写真がデジタル加工された痕跡を調べるのにも利用できます。撮影した写真なら輪郭は自然とバラけるはずですが、加工されていれば、隣り合う画素同士のRGB値がほとんど同じになる可能性があるからです。

■ 画像の何を認識したいか

何が写っているのか

女性、男性、大人、木、道、ベンチ、
公園、屋外、晴れ、ジョギング、etc..

RGBから判断する

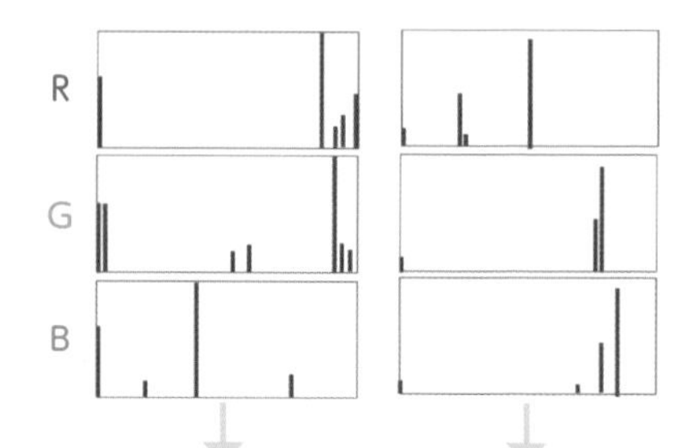

暖かい色の画像　涼しい色合いの画像

AIモデルを活かしも殺しもする「特徴量」

AIシステムを説明する上で、重要なキーワードとして出てくるのが特徴量であり、それらの特徴量を要素とした特徴量ベクトルです。

特徴量は、特徴を数値化したものです。例えば、特徴を表す数値として「身長」「体重」「年齢」などがあります。また一見数値化が難しそうな「名前」も文字コードによって数値化して表すことが可能です。

どんな特徴を選ぶか、また一見数値として表わすことが難しそうな特徴も分析の目的に合わせて数値化していくことが、AIエンジニアやデータサイエンティストの腕の見せ所です。これを**特徴量エンジニアリング**と呼びます。

●特徴量の表現方法を決める

特徴量として数値化する際に大事なのは、スケールを揃えることです。データを特徴量ベクトルで表して比較するには、ベクトルの要素数は等しく、どのようなデータであっても、i番目の要素が表す特徴量が同じになるようにしなければなりません。

そのような点を考慮すると、人の名前の特徴量化を行う場合は、少し工夫が必要です。人によって名前の長さが違うからです。

解決する方法は、いくつかあります。例えば、データの中でもっとも名前の長い人に合わせて名前に対応する要素を取り、名前の短い人は余った要素をゼロにします。あるいは、平均的な長さの名前より長い名前の人には、「以後省略」の要素を1にします。

■ 人の名前を特徴量にするとき、字数を合わせる

アルファベットの各文字に1～26の数字を割り当てる
余白は0
10文字目以降は省略

										省略の有無
	B	A	C	H						↓
Bach	2	1	3	8	0	0	0	0	0	0
	V	I	V	A	L	D	I			
Vivaldi	22	9	22	1	12	4	9	0	0	0
	C	H	O	P	I	N				
Chopin	3	8	15	16	9	14	0	0	0	0
	M	E	N	D	E	L	S	S	O	
Mendelssohn	13	5	14	4	5	12	19	19	15	1
	B	E	E	T	H	O	V	E	N	
Beethoven	2	5	5	20	8	15	22	5	14	0

まとめ

- AIシステムで実現したいことに合わせて、データや手法を検討する
- 特徴量とは、特徴を数値化したもの
- 特徴量は、概念を数値で表すなど、状況に応じた工夫が必要
- 目的に合わせてどんな特徴を選んで数値化するかが重要

37 データ収集で注意すべきこと

AIシステムを開発する際、なくてはならないのがAIモデルの学習に用いるデータです。どんなデータを使うか、どのように処理するかによって、AIモデルの性能に大きな影響を及ぼします。

データが正しいかを確認する

AIモデルを作るために大切なのことの1つが、学習データの収集です。これからAIシステムの開発を始めようとする時点で、AIモデルの学習にふさわしいデータがすでに集積されているとは限りません。そこで、今まで人が分析するために取得していたデータや、既存のITシステムに蓄積されていたデータがあったとしても、AIモデルの学習にふさわしいかを確認することから始めます。

●偏り

まず考えるのは**偏り**です。人がデータを取得するときには、ある一定の範囲のデータのみを取得し、それ以外は棄却してしまうことも少なくありません。例えばビジネスルールを判定するAIモデルを構築する場合、これまでに承認された1000件の書類だけでなく、承認されなかった10万件の書類も必要かもしれません。

クレームや匿名投稿などのデータを収集するときには、チャットボット（自動会話プログラム）がふさわしくない言葉を学習して顧客対応の返答に使ってしまわないように、何のためにどのような語を収集するか注意を払う必要があります。学習済みのサービスを利用する、もしくは販売されているデータセットを利用するという決断もあるでしょう。

■ データに偏りがある

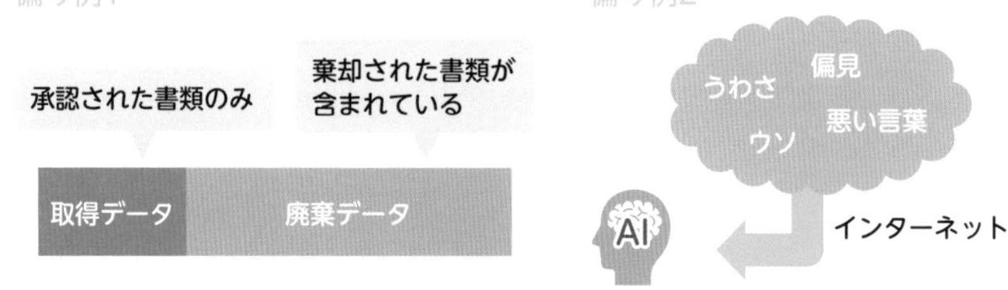

●分散

偏りとともによくある問題は、**分散**です。本当に分散しているのか、それとも異常値なのかを確かめる必要があります。センサで記録した値のピークが「規則的に出ているから有意な値だ」と思っても、実は規則的なドアの開閉による不必要なデータの揺らぎだった、ということもあります。

■ データが分散している

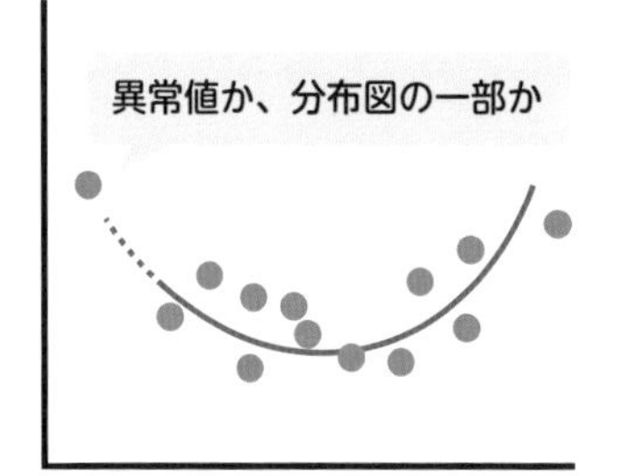

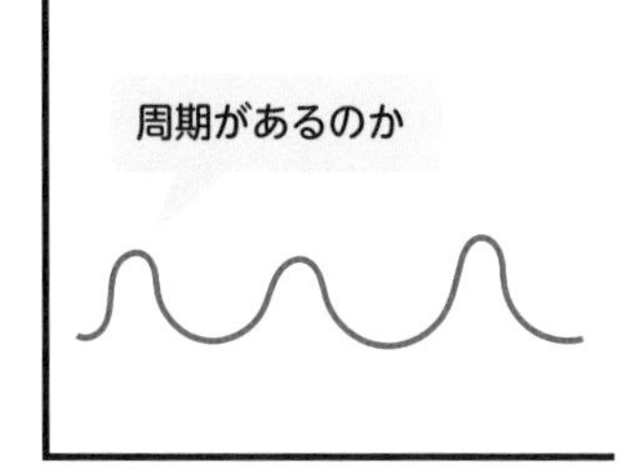

偏りや分散を避けるには、適切なデータが適切なAIモデル構築のために重要であるということを顧客に理解してもらい、PMやデータサイエンティストが可能な限り、データ発生の現場の状況を把握することが望まれます。これから正しいデータを得るだけでなく、過去のデータが使えるかどうかも判断するためです。

データのクリーニング

収集したデータには欠損やノイズがあるほか、大きさが適正でないこともあります。AIモデルの学習で利用する前に、データのクリーニングが必要です。

●欠損の扱い

データの欠損とは具体的にいうと、特徴量ベクトルで値の定まらない要素です。

データが十分にあって、そのほんの一部に欠損があるときは、単純に欠損データを棄却する選択もあります。しかし、データが少なく取り直しが難しいときや、顧客側がぜひ入れてほしいと望むデータであれば、棄却するわけにもいきません。そのようなときは、欠損データを何らかの方法で補完します。例えば、近接する複数データ間の平均などを採用します。もしくは、欠損していないデータに重みを付けて、優先的に考慮する方法もあります。また、「データに欠損がある・ない」自体を特徴量として付加する方法もあります。

画像であれば、ノイズ、ピンぼけ、明暗差による色の潰れのある部分も、「欠損データ」といえます。画像の修正方法にはさまざまな手法がありますが、近隣の数値から計算して埋める方法があります。

■ 欠損修正の例

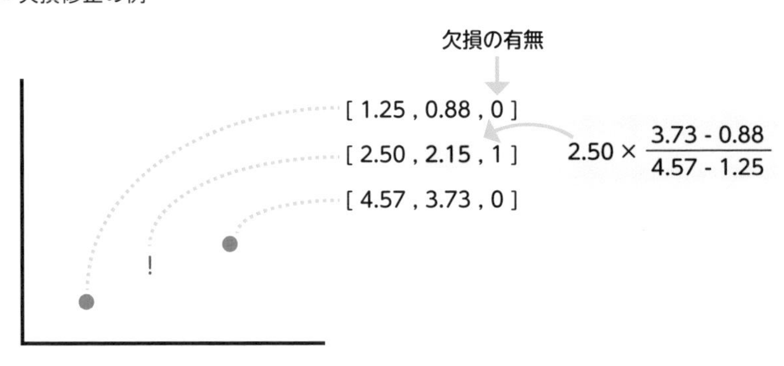

●大きさの調整

入力データの大きさに差がある場合、小さい値のデータは無視されかねません。そこで、0〜1や−1〜1の範囲に収めたり、全データを平均値に対する割合に換算したりしてデータの標準化などを行います。画像であれば、画像の大きさや解像度を揃える、人物を取り囲むバウンディングボックスの大きさを揃えるなどです。

■大きさ調整のイメージ

元のデータ

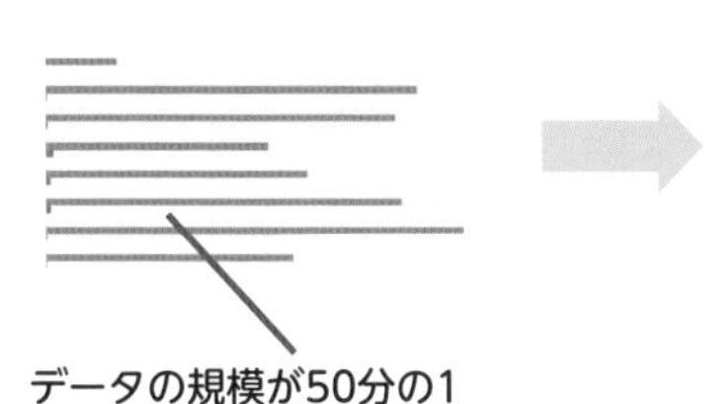

データの規模が50分の1

それぞれの平均値に対する
割合で対比する

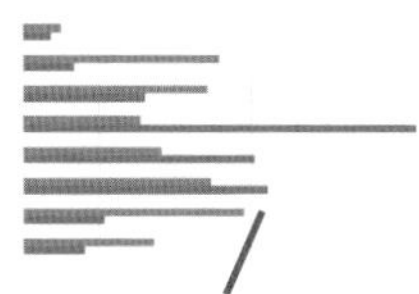

絶対値に意味はなく、
変化の様子だけを比較

画像の場合

バウンディングボックスが大きいため、
2人入っており、余白も多い

顔だけが入るように、バウンディン
グボックスの大きさを調整

まとめ

- AIモデルの作成には、目的に合わせたデータ収集が必要
- 収集するデータは偏りがないように、また不必要に分散しないようにする
- 学習に使うデータは、データのクリーニングを行う

38 AIモデルで使うアルゴリズムを検討する ①教師あり学習

解決したい課題や欲しい結果、何よりも元になるデータの性質によって、AIモデルに適切なアルゴリズムが検討されます。本節では、「ラベル付きデータ」による「教師あり学習」で構築されるAIモデルについて説明します。

予想値が結果として出力される数式を作る

教師あり学習の本質は、数式を構築することです。これは方程式を解くことの逆です。方程式はまず数式があって、数式を満たす値の組を求めます。一方の教師あり学習は、まず値の組があって、それを元に数式を作成します。大量のラベル付きデータから数式を求めて、ラベルのないデータでも予測や分析ができるようにします。

本節では、教師あり学習で構築するモデル（以下、教師ありモデル）には具体的にどのようなものがあり、どのように構築して利用するのかについて、いくつかの例を紹介します。

■ 方程式の答えを求めるのとAIモデル構築は逆

数学の方程式	AIモデル
式の組	値の組（データセット）
$x + 5y = 4$	$x = -1, y = -15$
$-x + y = 8$	$x = 1, y = -7$
を満たすxとyの値を求める	$x = 3, y = 9$
	を満たすxとyの式を求める

代表的な「教師ありモデル」

教師あり学習で構築するモデルの基本は、以下の3つです。これらを複数組み合わせると、さらに複雑なアルゴリズムも作れます。

●回帰分析

回帰分析は、主に予測に利用されるアルゴリズムです。任意の次元の座標空間に、座標のわかっているデータ（教師）をプロットして、それらの点が乗る関数を決めます。「回帰」とはプロットしたデータの点がどの曲線に由来するか（つまり、帰っていくべきか）という意味です。

学習したあとは、未知のデータがその関数に乗るとどうなるかを予測します。もっとも単純な「X座標がわかっているデータのY座標を求める」という予測を行うとき、そのY座標を「ターゲット」または「目的変数の値」と呼びます。

一方、回帰曲線上では、X座標も「変数」とみなせます。この場合のX側の変数を「説明変数」と呼びます。目的変数・説明変数が連続値を取ると想定して予測を行うのも回帰分析の特徴です。

■ 回帰分析の例

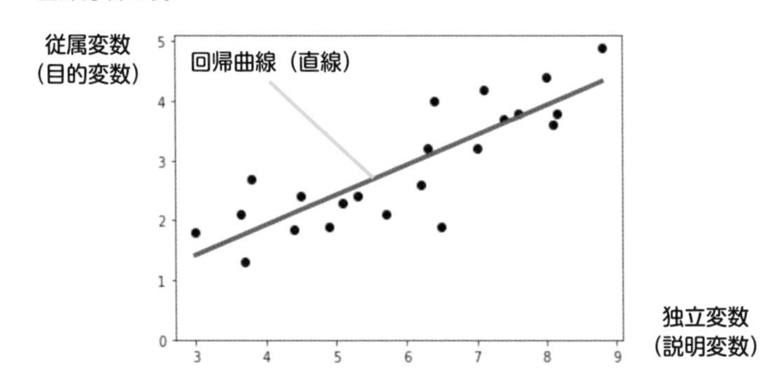

●ロジスティック回帰

ロジスティック回帰は、予測や分類に利用されるアルゴリズムです。「ロジスティック」とは「ログ（対数）」を扱うことに由来しています。対数関数の1つである「シグモイド曲線」と呼ばれる曲線に、データを回帰させます。

シグモイド曲線とは、中間領域を挟んで多くのYが1か0のどちらかに近い値を取る曲線です。こうした曲線を用いて、ロジスティックデータが特定のクラスに分類される確率として表され、あるしきい値で、「1」か「0」かに分類決定します。

例えば、ある実技試験の合格と不合格を予測するとします。このとき、合格を1、不合格を0、受験者が実技試験に備えて練習した回数を説明変数にします。すると、27回ほど練習すると合格するという予測ができます。

■ロジスティック回帰の例

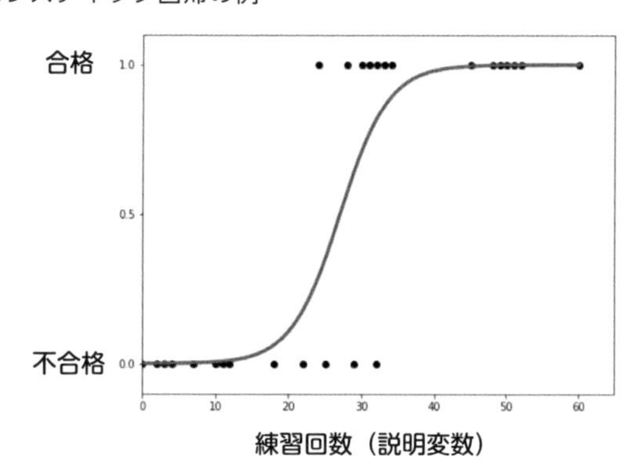

● SVM

SVMとは、Support Vector Machine（サポートベクトルマシン）の略です。主に分類に利用されるアルゴリズムです。

SVMの目的は、2つの異なるクラスタを明確に分ける決定境界の関数を求めることです。サポートベクトルとは、2つのクラスタにそれぞれ属する点で、互いにもっとも近接した2点を指します。この2点が決定境界を支持（サポート）していると考えるのが、この名前の由来です。

次のグラフは、2系列のデータでそれぞれの特徴量1と特徴量2の分布を作成し、境界線上ともっとも近接している2点が、最小の距離を保つようにしています。

■ SVM

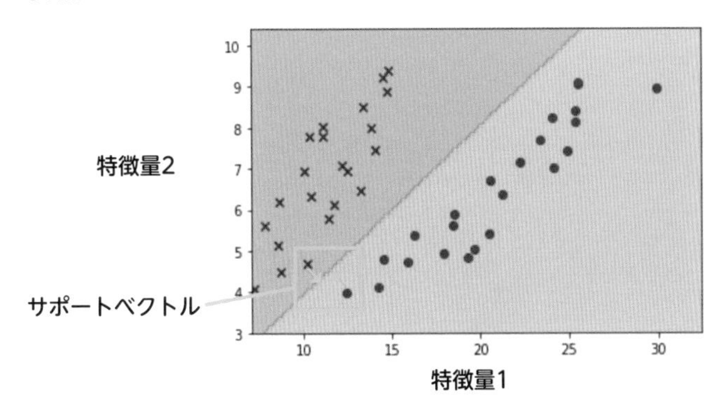

複数の判断を組み合わせる決定木

決定木は、複数の判断を経て結果に到達させる方法です。例えば「あなたに合った化粧品診断」で分岐のある質問に次々答えていくと、最後に「しっとりタイプ」に行き着く、などというのをよく目にしますが、これが決定木です。

ただし、すでにある決定木に、自分に代わってAIが答えてくれるというものが決定木のモデルではありません。決定木そのものを作成するのがモデルで、もっと具体的には、分岐をさせるための各質問に対して、データのどの特徴量を充てるかを選び出すのです。

例として5つのデータがあるとき、それぞれ4次元ベクトル[特1, 特2, 特3, 特4]で表し、次のようになれば、決定木ができています。

■ 5つのデータ

A	B	C	D	E
[1, 1, 0, 0]	[0, 1, 1, 1]	[1, 1, 1, 0]	[0, 0, 1, 1]	[1 ,1, 0, 1]

なぜなら、特1の値が「1」か「0」かで「A／C／E」もしくは「B／D」に分けられます。次に、特2の値が「1」か「0」かで、「B」か「D」に決まります。以下、特3で「C」が「A／E」から分かれて決まり、特4で「E」か「A」に決まります。

上の例は、目で見てわかるようにデータを作りました。しかし実際は、このような特徴量を選び出さなければなりませんし、データを分けるのにも、何らかのしきい値やロジスティック回帰、SVMなどを用います。

■ 決定木の例

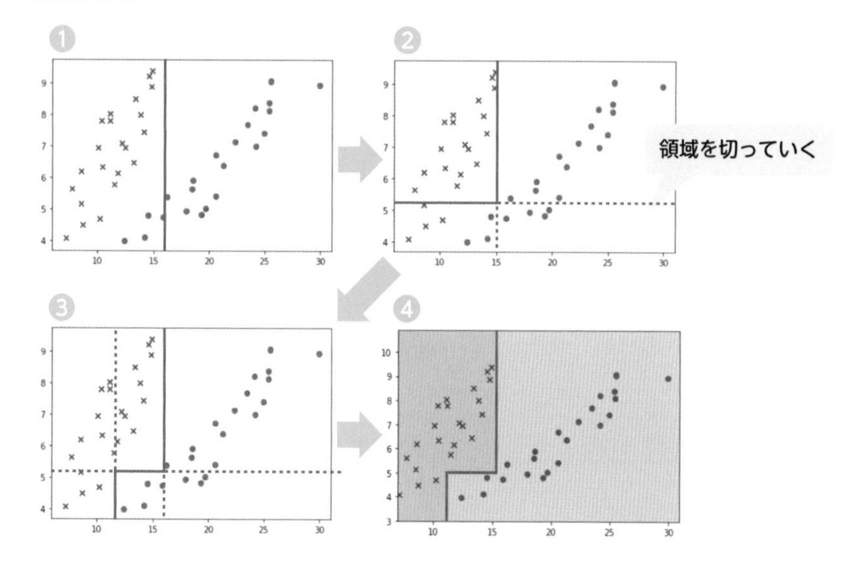

その都度教師に習うk-近傍法

k-近傍法は、kNN法（k nearest neighbour）と略されますが、全データに適用する数式を求めるのではなく、教師データが分布している空間に未知のデータを置いて、その近くにある教師データのラベルを正解として与えます。未知のデータの近傍にあるk個の教師データについて多数決を採るので、近傍法と呼ばれます。

この方法の特徴は、「学習して一般的な関数を構築する」という過程がなく、データが与えられてからそのデータについて学習（自分の近くのデータのラベルにならうという意味での学習）を行うことです。この工程は**怠惰学習**と呼ばれています。

■ 怠惰学習

k-近接法

教師データは分布しているだけ
↓
未知のデータ(xp1, yp1)
↓
(xp1, yp1)について
近接している教師データを
探して 同じクラスに決定
↓
未知のデータ(xp2, yp2)
↓
(xp2, yp2)について
近接している教師データを
探して同じクラスに決定

…. 以下繰り返す

データが与えられてから教師にならい始める怠惰学習

ほかの教師あり学習

教師データで関数f(x)作成
※xは本当はベクトルだが、ここでは簡単に値xとする
↓
未知のデータの値xp1について
f(xp1)を求める
↓
未知のデータの値xp2について
f(xp2)を求める

…. 以下繰り返す

原理はわかりやすく、すぐに始められますが、未知データの分類のたびに教師データが必要です。教師データをどの特徴量で分布させるかと、kの値をいくつにするかが分析者の技量にかかっています。

■ k-近傍法

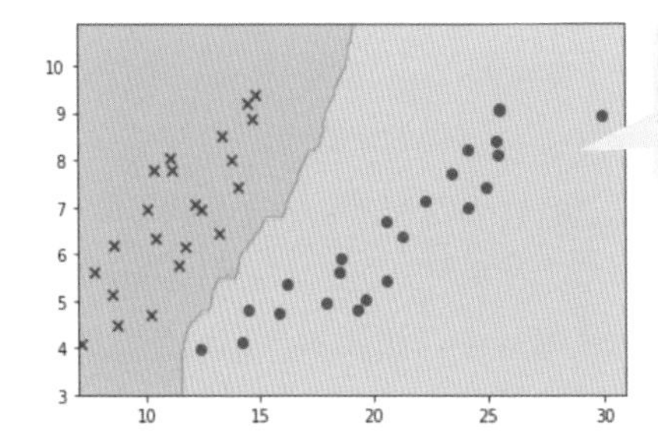

まとめ

- 教師あり学習の本質は、データを表現するための数式の構築である
- 教師あり学習で作成するモデルには、回帰分析、ロジスティック回帰、SVM、および複数の分類問題からなる決定木がある

39 AIモデルで使うアルゴリズムを検討する ②教師なし学習

人間社会では、「こうすれば正解」という教師がいなくても、類似の問題に出会いながら共通した対処法を学んでいけます。同様にAIにも、教師データがなくても、類似のデータを探しながら、隠れた情報を探り出す方法があります。

教師なしモデルとは

教師なし学習で構築するモデルでは、ラベルのないデータを分析します。ラベルがないといっても特徴量がないわけではありません。この画像はイヌ、この画像はネコといったラベルが付いていないだけです。教師なし学習は、複数のデータの「傾向をつかみたい」「何か新しいことを発見したい」という場合に使われる分析法です。教師なし学習によるモデルの典型的な利用例は、似た行動（商品購入、コンテンツ選択など）をする顧客の特徴、同じ疾病にかかっている患者の検査値（血圧、心拍数、血糖値など）の傾向を分析したいときなどです。データが「似ているかどうか」とは、具体的には、データを表す特徴量ベクトルが「近いかどうか」です。

同じ画像認識でも、ある人の写真を認識させ、その人がほかの写真に写っているかどうかを判定するのであれば教師あり学習です。しかし写真に何が写っているのかまったく手がかりがない状態で推定するのであれば、各画素のRGB値でクラスタリングするなど、教師なし学習になります（現時点での「何が写っているかを判定」する学習の多くは、ほとんどの場合教師あり学習が用いられます）。

また、翻訳といえば、すでに単語や文法がわかっている言語からの翻訳であるため教師あり学習ですが、古代文字のように、文字も文法もわからないのであれば、文字を画像とみなして類似性を分析する教師なし学習です。

教師なし学習は、まず傾向をつかみ、その傾向に合わせたラベル付けをして教師あり学習に持っていくというきっかけにもなります。

■教師なし学習で傾向をつかむ

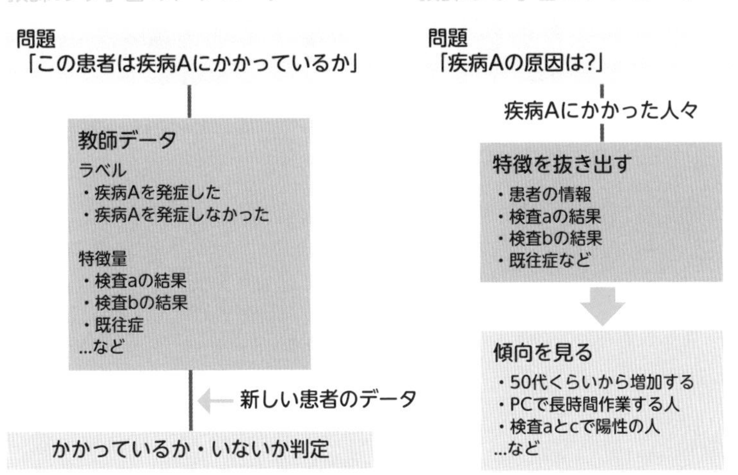

教師がなくても学びはできる

AI導入のコンサルタントは、「必要だとは思うが、どこに何を導入したらいいのかわからない」という相談には、まず教師なし学習で売上やコストのデータを分析することを提案しています。

「教師なし」といっても、完全に野放しなわけではありません。クラスタ分析では、最初はランダムでも類似性を評価しながら、より適切な分類を行いますから、「似た者同士が集まる」学び方といえます。「強化学習」のように、「ランダムに動いて、期待した結果から外れればペナルティを与える」という、まさに失敗から学ぶ方法もあります。

教師なし学習の代表例

教師なし学習の代表例は、クラスタ分析です。これは、データを何かの類似性に基づいて複数の集合に分類します。

● k-平均法

具体的な方法の1つが、**k-平均法**と呼ばれるものです。k-近傍法（P.152参照）と似ていますが、こちらは教師となるデータはなく、互いの距離を測り合います。

「k」は、分類するクラスタの個数です。最初に、k個の「中心点」をランダムに配置して、クラスタに分けます。そのクラスタ内で、よりよい中心点を計算し直して、クラスタを再分類します。これを続けて、よりよい中心点が算出されなくなったら、それを最適な分類とします。

次図は、k-平均法の例ですが、このように目に見えて分類できそうなクラスタが得られるとは限りません。また高次元になると、図として見ることはできなくなります。

■ k-平均法の例

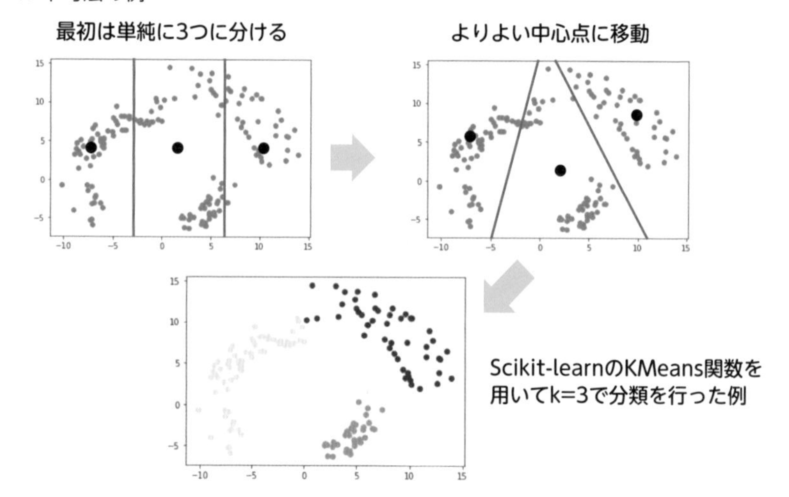

強化学習

強化学習は、試行錯誤しながら最適な解を求める手法です。「エージェント」と呼ばれる行動の主体が最初はランダムで、目標に向かって行動を修正していきます。「最初からこれが正解と教えてくれる教師がいない」という意味では「教師のない学習」ですが、「教師あり学習」でも「教師なし学習」でもない、第

3の学習法といわれています。

強化学習で、エージェントの行動に影響を与えるのは環境です。行動の結果を目標値と比較しながら、目標に近づくように修正していきます。目標値そのものでなくても、何らかの属性値を持たせて期待した動作に近いときには増やし、外れたときには減らす「報酬とペナルティ」のような仕組みを持たせます。

強化学習は機械学習の一種ですが、ディープラーニングの分野で「深層強化学習」として発展しています。今のAI進展の火付け役になった囲碁AI「AlphaGo」にも使われています。

■強化学習

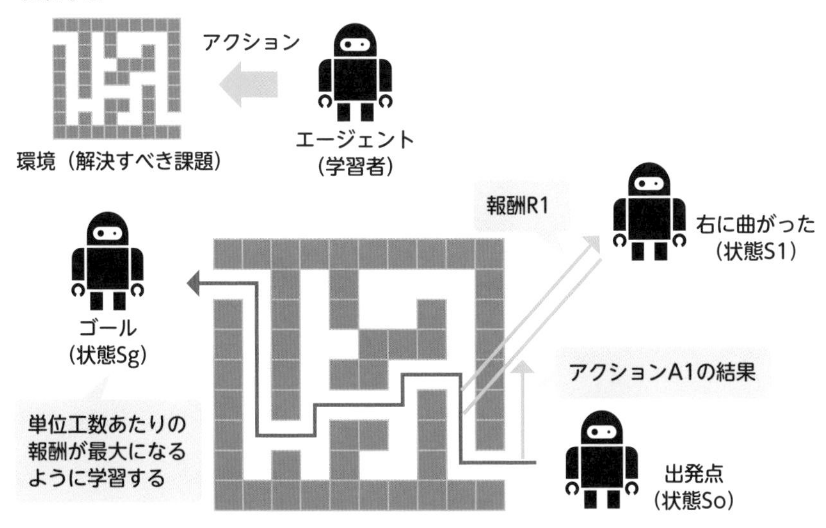

まとめ

- 教師なし学習とは、ラベルがないデータで、未知のデータを分析するため手法
- 教師なし学習の代表はクラスタ分析で、k-平均法がよく用いられる
- 強化学習は、目標に向かって動作を修正していく学習法

40 AIモデルで使うアルゴリズムを検討する ③アンサンブル学習

AIシステムでは、複数のAIモデルを組み合わせることで、より複雑な分析が可能となります。ここでは、複数のAIモデルを組み合わせるアンサンブル学習について解説します。

アンサンブル学習とは

複数のAIモデルを組み合わせて1つのAIモデルを作る手法を**アンサンブル学習**と呼びます。まず簡単で精度の低い「学習器」または「推定器」と呼ばれるAIモデルを複数作り、予測した結果を結合して、よりよい予測をしようという仕組みです。

アンサンブル学習を構成する簡単なAIモデルのことを「弱学習器」といいます。また、複数の弱学習器が出した予測を総合し、よりよい予測を得るまでの過程を据えて、これを1つの「AIモデル」とみなしたものを「強学習器」といいます。アンサンブル学習は、弱学習器の作成法によって、さまざまな方法に分けられます。

■ アンサンブル学習

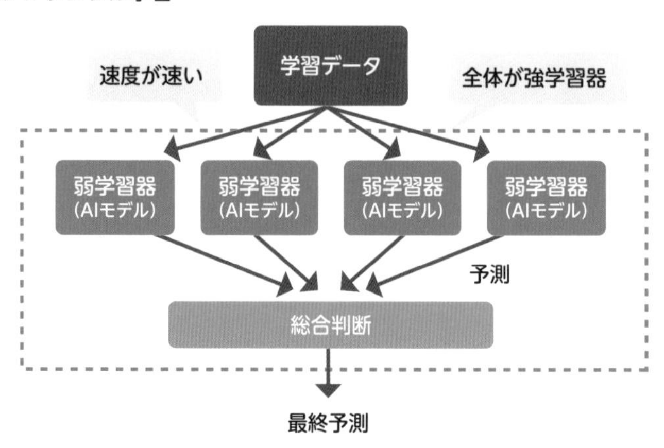

●弱学習器には決定木がよく使われる

弱学習器には、決定木がよく使われます。決定木は、YES／NOで答えられる条件で分類を行います。また分類した結果を数値にすることで、回帰にも利用できます。決定木には分類と回帰のどちらにも使えるというメリットがあります。そのため弱学習器には、分岐のごく浅い決定木や、数回学習させただけの決定木が用いられます。

●結果の総合判定は平均値か多数決

複数の弱学習器が出した予想の総合判定は、回帰であれば平均値、分類であれば多数決をとります。場合によっては重み付けを行います。

●弱学習器はそれぞれ関連がないようにする

アンサンブル学習を用いる理由は、互いに関連のない方法で予測して、結果が一致すれば、その予測には信頼がおけるという考えからきています。各弱学習器でデータの重みを変えたり（ブースティング）、分岐に用いる特徴量を変えたり（ランダムフォレスト）、分岐モデルを変えたり（スタッキング）します。

●弱学習器が使うデータは分散しすぎないようにする

弱学習器の予測がそれぞれあまりにも違いすぎると、総合判断が怪しくなります。そこで、各弱学習器の学習に用いるデータは同じデータセットから、ランダムであっても一部重複を許す復元抽出で割り当てます。

COLUMN 学習器と推定器

「器」というのは、英語に対応する日本語がないところから付いた呼び名です。「学習器」に相当する英語は「learner」です。対象が人であれば「学習者」のことですが、人ではないので「学習器」と呼んでいるのです。その正体は、学習済みのモデルです。つまり学習は済んでいるので、これから行うのは、もはや学習ではなく予測です。そこで、推定器（estimator）とも呼ばれるのです。

ブースティング

ブースティングはアンサンブル学習の手法の1つで、学習の仕方を少しずつ変えた学習器を組み合わせます。

最初に、学習器を1つ作成して予測させ、次の学習器では、予測を間違えたデータには重みを付けて学習させます。これを繰り返すと、あとから作成した学習器は、前の学習器が正しく予測できたデータについては精度が悪くなるかもしれませんが、前の学習器が間違えたデータに対しては、より正しく予測できるようになります。こうして、「注目するデータ」が少しずつ異なる学習器に対して、同じデータセットを使って学習し、すべての学習器の予測を組み合わせるのがブースティングです。

■ブースティング

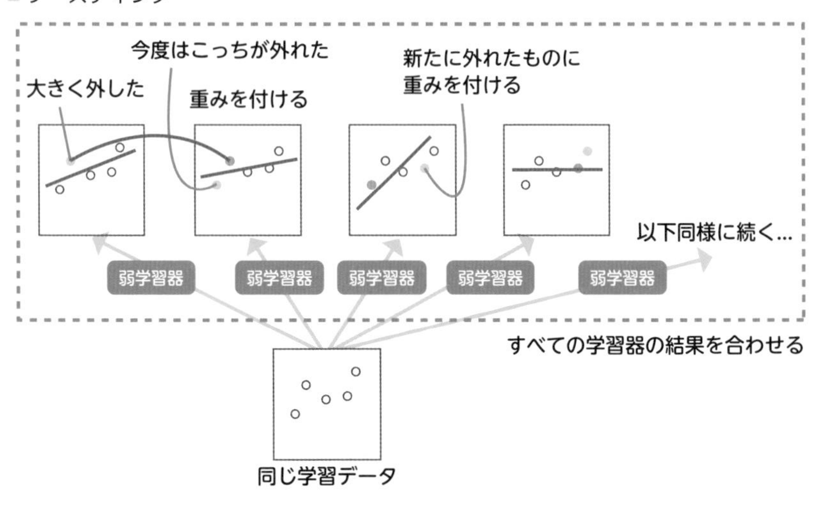

バギングとランダムフォレスト

バギングもアンサンブル学習の手法の1つで、ブートストラップ・アグリゲーティング（Bootstrap Aggregating）」の略です。バギングでも、各学習器に対する学習のさせ方は同じです。違うのは学習させるデータセットの使い方です。それぞれの学習器には、学習させるデータセットの一部をランダムに抽出した

「サブセット」を使います。この抽出は、重複を許す「復元抽出」です。

バギングの代表例が、**ランダムフォレスト**と呼ばれる方法です。フォレスト（森林）と呼ばれるだけあって、数百個〜千個以上の決定木を弱学習器として作成します。通常、ランダムフォレストは、各分岐においてもランダムな「特徴量サブセット」を用います。すべての特徴量のうち一部だけに注目するようにすることで、どの特徴量に注目するかを学習器によって、ランダムに違うものにするのです。そうすることで、特定の一部の特徴量だけに依存して予測されてしまうことを防ぎます。

■バギング

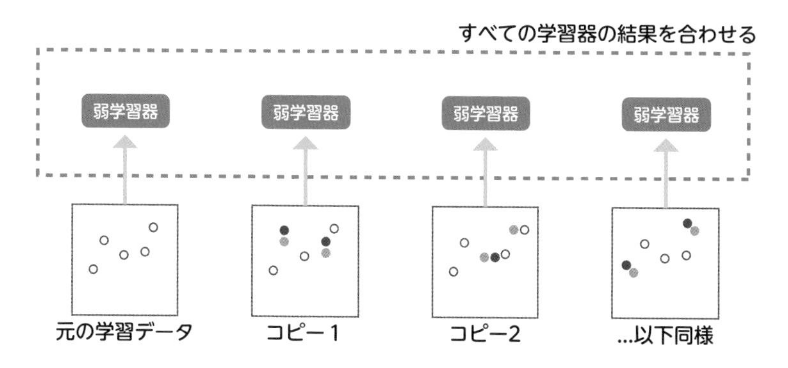

スタッキング

ブースティングやバギングでは、各弱学習器の基本的な構造が互いに似ています。これに対して、2段階以上の学習をさせるのが**スタッキング**です。決定木だけでなく、SVMなども組み合わせます。

基本的な構造が似ていれば、予測値にもそれほどばらつきはなく、多数決や平均で総合判断できます。しかし弱学習器のモデルが異なる場合には、総合評価にも「弱学習器を何らかの形で組み合わせたモデル」を作成します。これが「強学習器モデル」です。

簡単に考えると、データセットを2つに分けて、その半分で各弱学習器を作成し、残りの半分で予測させます。その予測値を用いて、強学習器のモデルを学習させるのです。ただし、2つに分ける分け方によって偏りが出てはいけませんから、普通はk回に分けて、後述する交差検証（P.170参照）を実施します。

■スタッキング

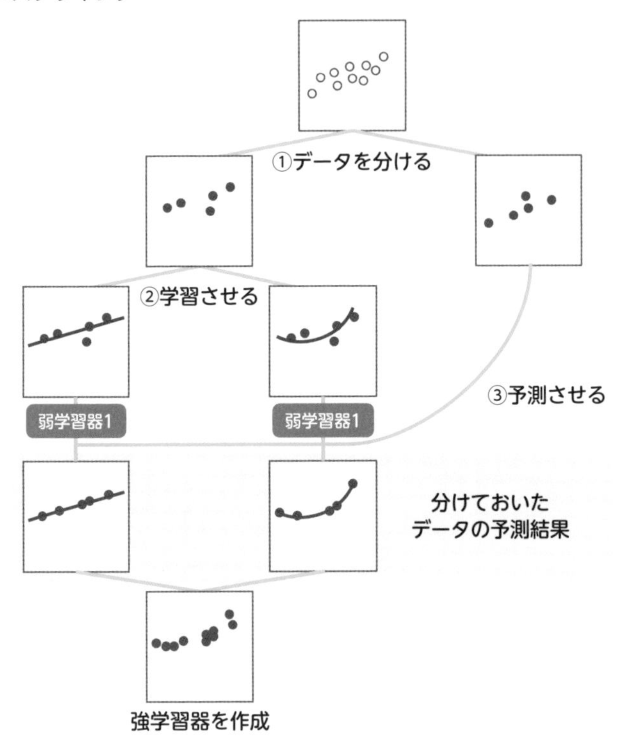

まとめ

- アンサンブル学習とは精度が低い複数の弱学習器を組み合わせ、総合判断する手法である
- 弱学習器の作成には、ブースティングとバギングの2種類がある
- スタッキングは、2段階以上の学習をさせて強学習器を作る手法

41 AIモデルで使うアルゴリズムを検討する ④ディープラーニング

より複雑な学習では、ディープラーニングが採用されます。ディープラーニングは、多層構造を採る学習モデルで、画像や音声、言語処理が得意なのが特徴です。ここでは今もっとも注目を浴びている学習法・ディープラーニングを解説します。

画像や言語処理などが得意なディープラーニング

ディープラーニングとは、ニューラルネットワークという脳の神経回路の一部を模したAIモデルを使った機械学習のことです。特徴量を自動的に抽出するため、画像や言語処理を得意としています。

●ニューラルネットワーク

ニューラルネットワークの基本は、複数の関数を組み合わせた「合成関数」です。もっとも簡単なニューラルネットワークは、3層構造です。入力層、中間層（隠れ層）、出力層の3つです。入力層でデータを受け取り、出力層で結果を出力します。入力されたデータは、ノードを伝うたびにさまざまな処理が行われ、最終的な結果が出力されます。

隠れ層の数が増えるほど複雑なデータを処理することが可能になり、隠れ層が2層以上になったニューラルネットワーク（ディープニューラルネットワーク）のことをディープラーニングと呼びます。

■ ニューラルネットワーク

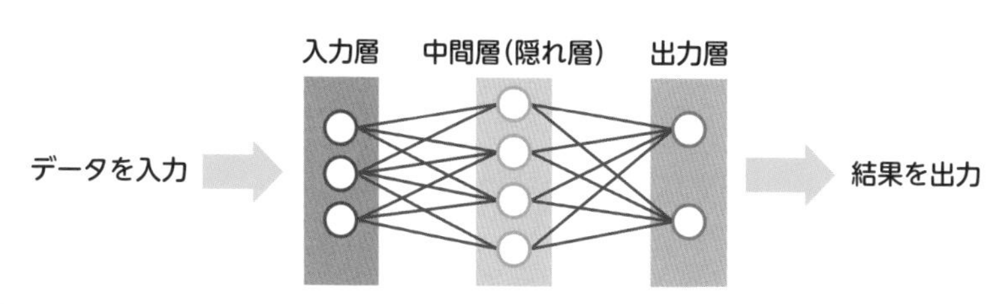

ディープラーニングの代表的な手法

画像と言語の違いとは何でしょうか。もっとも大きな違いは、画像では縦横斜めに画素が隣接してつながっているのに対し、言語は前後につながった「シーケンス」だということです。

画像には画像の、言語には言語の、適切なやり方があります。そのため、ディープラーニングでは、そのときどきに応じた適切なやり方が、いくつか考えられています。

●畳み込みニューラルネットワーク

畳み込みニューラルネットワーク（Convolutional Neural Network）は、主に画像認識で使われます。略してCNNと呼ばれることもあります。

画像にフィルタをかけるには、従来から図のように「畳み込み（Convolution）」で処理されてきました。これは、画像を小さな「パッチ」に分けて、パッチの位置をずらしながら処理していく方法です。フィルタも「行列」で表されることが多いので、画素の行列とフィルタ行列の演算になります。このフィルタを解析または変換のための関数にしたのが、畳み込みニューラルネットワークです。

■ 畳み込みニューラルネットワーク

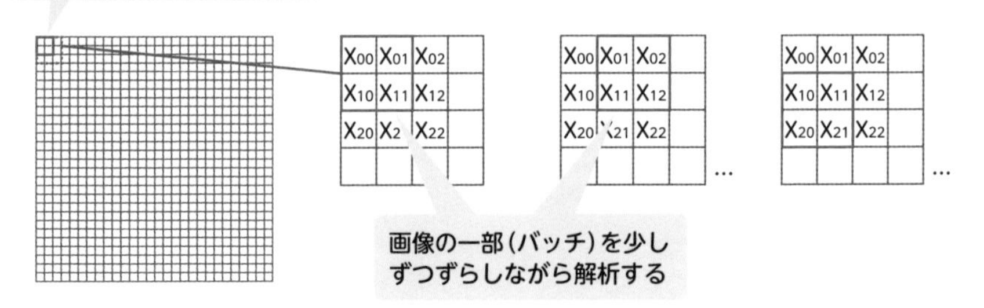

●リカレントニューラルネットワーク

リカレントニューラルネットワーク（Recurrent Neural Network）は、略してRNNと呼ばれるニューラルネットワークの一種です。RNNは時系列を扱えるため、主に自然言語や音声認識の分野で使われます。

言語は前から後に続きますが、修飾語が1つ前の単語にかかっている場合や、英語を日本語に訳す場合などは、「1つある」「1つもない」のように語末が肯定であるか否定であるかによって文章の意味が変わります。そこで、後ろの単語の解析結果をその前の単語の解析に加えて解析を繰り返し、解析結果が変わらなくなったら解析完了という方法をとります。

■リカレントニューラルネットワーク

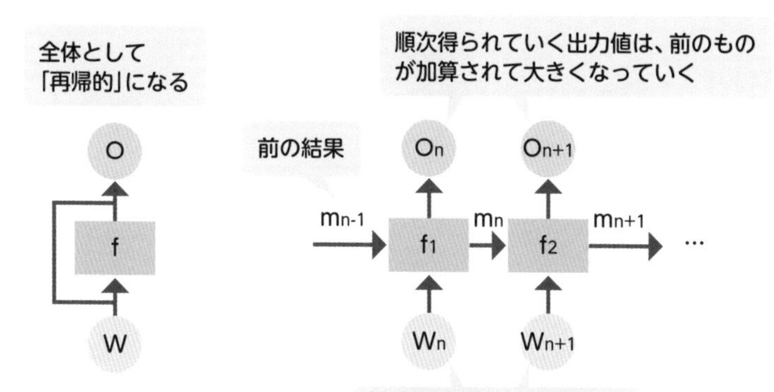

●LSTM

LSTMは、長・短期記憶ユニット（Long Short-Term Memory）のことで、「記憶機能を持ったRNN」といえます。

RNNで危険なのは、あまりにも前の解析結果が、解析を繰り返していくうちにほかの結果と紛れてしまう点です。そこでニューラルネットワークの各ユニットに、情報を保持する仕組みを持たせたRNNの改良版が考案されました。すべてのユニットの情報を長期にわたって保持していると負荷が大きすぎるため、あるルールに従って保持情報を消去します。このルールは「ゲート（門）」に例えられ、記憶機能を持ったRNNは「ゲート付きRNN」と呼ばれます。新しいデータをどれだけ使うかを決める入力ゲート、どのデータを捨てる（忘れる）かを決める忘却ゲート、どういった情報を出力するかを決める出力ゲートの3つがよく使われます。

■ LSTM

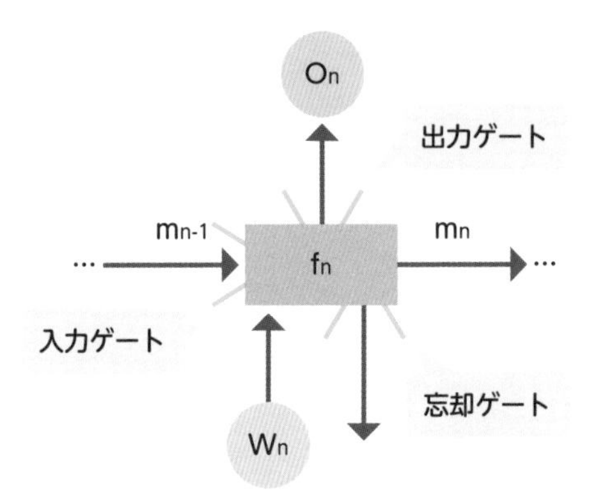

なお、CNN、RNN、LSTMなどを自分でゼロから構築する必要はありません。PythonなどのAIライブラリでそのまま利用できるようになっており、実用上の問題はハイパーパラメータの決定だけになります。

まとめ

- ディープラーニングでは、画像や言語を扱うことが多い
- ニューラルネットワークとは、データ処理を脳神経の回路に模したAIモデル
- ニューラルネットワークは「入力層」と「出力層」の間に、最低1つの「中間層」を持つ構造
- 画像認識には、畳み込みニューラルネットワークが適している
- 自然言語には、リカレントニューラルネットワークが適している

42 AIモデルの性能を検証する

作ったAIモデルは、パラメータを調整することで性能を向上させることができます。性能向上のためには、パラメータの異なるいくつかのAIモデルを作って、どれが優れているのかを実際に確かめながら調整します。

パラメータを調整するための検証

AIモデルを作成する流れは大きく分けて、AIモデルの学習と評価の2工程です。しかし実際には学習と評価の間に検証を行い、ハイパーパラメータを調整する工程が入ります。

検証とテストは混同されがちですが、検証ではAIモデルが出力した結果が要件を適切に満たしているかを確認し、AIモデルの修正やハイパーパラメータの調整を行います。AIモデルには学習では決められない要素があるため、ハイパーパラメータの設定と調整なしには成り立たないことがほとんどです。ハイパーパラメータはAIモデルのベースとなるアルゴリズムを作ったあとに、検証データを用いて試行錯誤しながら調整をしていきます。

■ AIモデルの性能検証

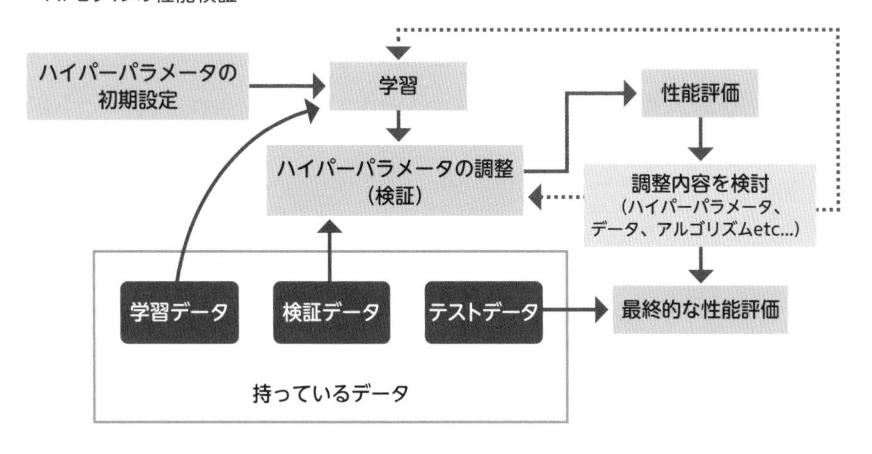

汎化性能

汎化性能とは、学習済みのAIモデルに未知のデータを入れたとき、どの程度の精度が出るかを示した性能評価です。汎化性能を確認するときは、学習に使ったデータとは別の検証データを使います。また、検証が終わり最終的な精度を評価するときには、テストデータを使います。

学習を始める前に、収集したデータを目的別に取り分けておく必要があります。どのようにデータを取り分けるかは、データの量や検証方法によって異なります。

■ 検証のためにデータを取り分ける

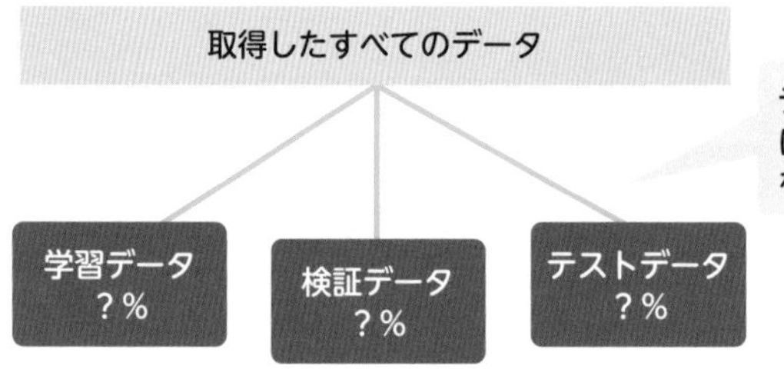

データリークに気を付ける

AIモデルの汎化性能を評価する際、「データリーク」または「ターゲットリーク」と呼ばれる誤りに注意しなければなりません。学習用・検証用・テスト用それぞれのデータが明確に切り離されていないとき、テストデータで評価すれば、当然よい性能が得られてしまいます。学習データの一部をテストデータにも使うという初歩的な間違いから始まって、学習データとテストデータを含めて正規化してしまった場合も、正規化の過程（平均を求めるなど）にテストデータの情報が混入してしまっており、こうした問題が生じます。

ハイパーパラメータの調整

学習前もしくは学習直後のAIモデルには、暫定的なハイパーパラメータが設定されていることがほとんどです。データ量に応じた検証方法で、少しずつハイパーパラメータを調整していきます。

ハイパーパラメータの調整は、正直な話「しらみつぶし」です。ハイパーパラメータの値をいろいろ変えて、対応するモデルをいくつも作ります。ハイパーパラメータが単純な定数であれば、モデルの再構築の必要はありません。その一方、学習回数やサンプルデータの採取法のように、モデルの構築にハイパーパラメータが直接関わってくる場合は、新しいモデルに学習させることになります。

それらのモデルに検証用のデータセットで予測を行わせ、実測値と近い結果を出したモデルを採用します。必要な検証用データの数は、調整しようとするハイパーパラメータの数が多いほど多くなります。

●グリッドサーチ

ハイパーパラメータの選び方で、もっともよく知られているのが「グリッドサーチ」です。例えばハイパーパラメータAの値をA=0.01, 0.1, 1, 10の4通りで比較し、必要に応じて細かく詰めていきます。ハイパーパラメータの値がもう1つあれば、(A=0.01, B=0.01), (A=0.01, B=0.1), (A=0.01, B=1)…のように、試すケースは2次元格子（グリッド）状の分布になります。

●検証には時間と負荷がかかる

このように、検証は「ついでにやってみる」というわけにはいかないほど時間も手間もかかります。そこで、ハイパーパラメータを論理的または経験的になるべく少ないトライアルで発見できるような努力がなされています。

ホールドアウト法

ホールドアウト法は検証の手法の1つで、十分なデータ量があるときに用いられます。ホールドアウトには「取っておく」という意味があり、全データから検証データとテストデータを取っておきます。目安としては、学習データは全データの60〜70パーセント、検証データとテストデータはそれぞれ全データの15〜20パーセント程度にします。

ただし、データ数が億を超えるようなビッグデータを使う場合、取り分ける検証データ・テストデータは数パーセントにすることもあります。

■ホールドアウト法

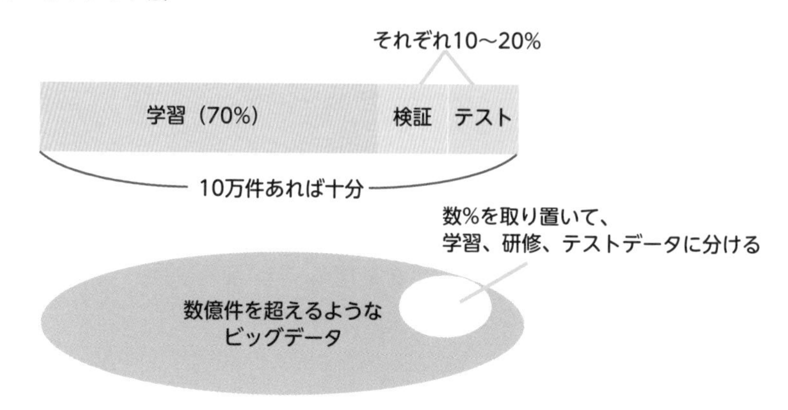

交差検証

データの数が少ないときは、検証用データの取り分けが難しいこともあります。そこで用いられる手法が、「交差検証」です。すべてのデータが検証データとなるように、学習用と検証用への分け方を変えながら学習と検証を繰り返し、パラメータや精度の平均値で評価します。代表的な2つの交差検証を紹介しましょう。

●k分割法

データセットをk個に分割し、そのうちの1つを検証用データ、ほかのk-1個を合わせて学習用データとする手法です。k個に分けたデータのうちどのデータを検証用とするかで、組み合わせがk個になります。

データが少ないときは、kの数を4として4分割にします。こうすると学習用と検証用の比率が75:25の割合になり、望ましいデータの比率にできます。データの数が多くてそれ以上分割できる場合でも最大で10程度とされており、さらに分割できるほどデータ量があるなら、最初から検証用を取り置いておく手法がよいでしょう。

■ k分割法

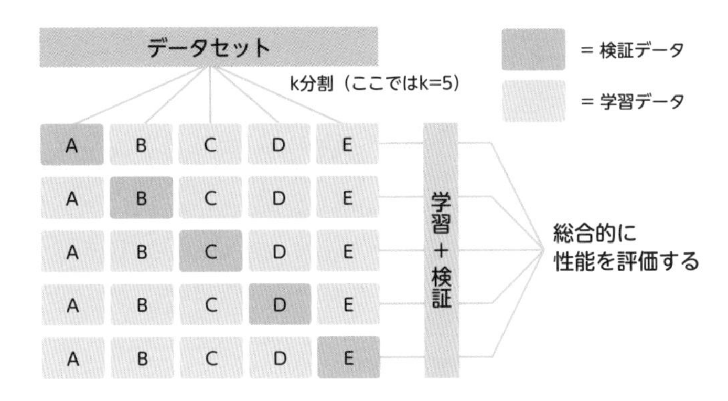

● Leave-one-out（1個抜き法）

「1個抜き」という言葉の通り、データセットからテストデータを取り置いた残りのデータの中から1個ずつ順番にデータを取り出していき、これを検証用としながら残りのデータで学習する手法です。すべてのデータを一度は検証用に用いるため、k分割法よりも精度が高いといわれますが検証回数は多くなります。データが100個あったら100回検証することになるからです。この手法は、むしろ統計分布のような解析解を想定したAIモデルの検証に用いられます。

まとめ

- **AIモデルの学習後にハイパーパラメータを調整する**
- **ハイパーパラメータは、検証データを用いて評価しながら、試行錯誤で決定していく**
- **十分なデータ量があるときはホールドアウト検証を用いる**
- **データ量が少ないときはk分割法などの交差検証を用いる**

43 AIモデルの性能を評価する

「よいAIシステム」とは、精度が高いことを意味します。「精度99%」などの売り文句や「SLA（サービスレベル保証）」もあるようですが、そもそも精度とはなんなのか、具体的な求め方を見てみましょう。

評価指数を求めるための結果を分類

AIモデルの性能を評価するときに、**混同行列（Confusion Matrix）**がしばしば用いられます。以下のような行列で表され、TとFはそれぞれTrue（真）とFalse（偽）、PとNはそれぞれPositive（陽性）とNegative（陰性）を表します。

- **真陽性（TP）：正解であるものを正解と判定**
- **真陰性（TN）：間違いであるものを間違いと判定**
- **偽陽性（FP）：間違いであるものを正解と判定**
- **偽陰性（FN）：正解であるものを間違いと判定**

■混同行列

	Pと予測	Nと予測
実際にPである	TP	FN
実際にNである	FP	TN

例えば送られてきたメールがスパムであることを判定するとき、スパムメールをスパムメールであると判定した場合は真陽性（TP）、スパムメールではないメールをスパムメールではないと判定した場合は真陰性（TN）になります。逆にスパムメールではないメールをスパムメールであると判定した場合は偽陽性（FP）、スパムメールをスパムメールではないと判定した場合は偽陰性（FN）になります。

AIモデルの性能を評価する評価指数

TP、TN、FP、FNを利用して、評価指数を求めることができます。ここでは代表的な5つの指数を説明します。

●正解率（Accuracy）

$$正解率 = \frac{TP + TN}{TP + TN + FP + FN}$$

データ総数に対して、正しく評価できた（つまり予測と実際が同じだった）データの割合を表します。

●再現率（Recall）

$$再現率 = \frac{TP}{TP + FN}$$

陽性であるデータに対して、陽性と判断できたデータの割合を表します。例えば、実際にスパムメールであるうち、スパムメールだと判定できた割合を求められます。「スパムメールを見逃したくない（FN）と考える場合に重要視する指標です。

●適合率（Precision）

$$適合率 = \frac{TP}{TP + FP}$$

陽性と判断したデータに対して、実際に陽性であるデータの割合を表します。例えばスパムと判断したデータのうち、実際にスパムメールである割合を求められます。陽性のデータを陰性と判断してもよいが、陰性のデータを陰性である（FN）と正しく判断したい場合に、注目する指標です。「正解とした判定データが実際に正解だった何割」を表すため「精度」と呼ばれることもあります。

●特異度（Specificity）

$$特異度 = \frac{TN}{FP + TN}$$

陰性であるデータに対して、実際に陰性だと判断した割合、つまり真陰性を表します。

「スパムではないメールを、スパムではないと判断する（TN）する」ような場合に、重要視する指標です。

●F値

$$F値 = \frac{2 \times 再現率 \times 適合率}{再現率 + 適合率}$$

指数を評価するとき、正解率はあまり重要視されません。なぜならば、適合率の「陽性を逃してはいけない」、再現率の「陰性が混じってはいけない」という観点を重要視することが多いためです。

陽性を見逃さないために陰性がまぎれ込むのは仕方がないですし、陰性を完全に排除したければ陽性がついでに排除されるのも仕方がありません。適合率と再現率はトレードオフなため、両方のバランスを取るときは、適合率と再現率の調和平均がよく用いられます。これを**F値**（F1スコア）と呼びます。

ROC曲線

ROC曲線は、誤報率を横軸、再現率を縦軸にとった曲線です。判定方法が適切であるかを知るために使用されます。

誤報率はFPR（False Positive Rate、偽陽性率）、再現率は別名TPR（True Positive Rate、真陽性率）とも呼ばれます。TPR＝FPR（ROC曲線が角度45度の直線になる）とき、「誤報率が1／2」という状態になり、結果があてにならないことになります。FPRが小さくTPRが大きくなるのが高い精度といえます。定量的には、ROC曲線の下部の領域の面積（AUC：Area Under Curve）の大きさが1に近いほど、精度が高いと判断できます。

ROC曲線で見誤りやすいのは、縦軸の値が大きいので何かの絶対数が多いかのように思ってしまうことです。これらは「比」の比較であり、絶対数の大小ではありません。むしろ、両端の領域は「総数が少ないので、分離がよくない」状態を表していると考えます。

■ ROC曲線

誤報率

$$FPR = \frac{FP}{TN + FP}$$

ROC曲線の例

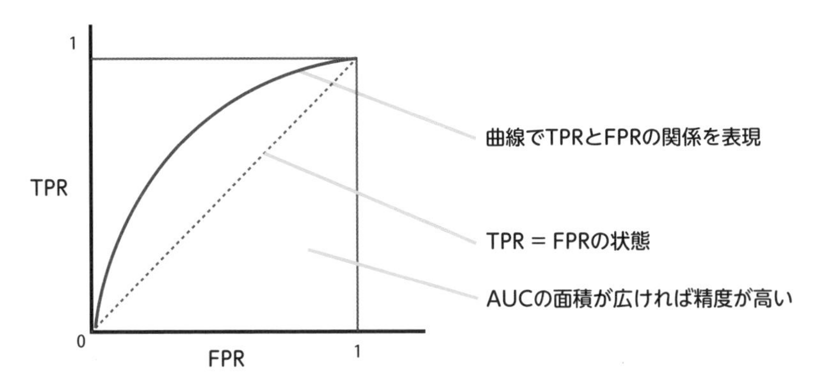

まとめ

- **AIモデルの分析結果を真陽性（TP）、真陰性(TN)、偽陽性(FP)、偽陰性（FN)の4つのパターンで表せる**
- **評価指数には、正解率、再現率、適合率、特異度、F値がある**
- **適合率と再現率はトレードオフなため、両者の調和平均であるF値がよく用いられる**

44 高すぎる精度には過学習を疑う

精度が出ないAIモデルは問題ですが、異常に高い精度が出た場合も注意が必要です。過学習の疑いがあります。過学習がどういう状況で起こり、どのようにして回避できるのかを、本節で見ていきましょう。

汎用性の低い過学習

過学習とは、学習データに対しては高い精度が出るが、検証データやテストデータなど未知のデータに対しての精度は低くなってしまう状態です。つまり、汎化性能が低い状態だといえます。学習データの量が少ない、ハイパーパラメータの調整が足りない、変数が多い場合に発生します。

学習データを増やして回避する

過学習を回避するための方法の1つが、学習データを増やすことです。学習データが多くなれば、その分だけデータの傾向が掴めるようになります。しかし、データ数が少ない、もしくはデータの取得が困難、またはAIモデルそのものが複雑になってしまっている場合は、正則化やドロップアウトなどの手法を用います。

●正則化

正則化とは、あるデータに重み付けし、分析や予測結果への影響を減らすことです。重み付けにより特徴量の取捨選択をする**L1正則化**という方法と、データの大きさに応じて重み付けされる**L2正則化**という方法の2通りがあります。

■ 正則化の例

特徴量ベクトルX = [x0, x1, ...xn] にラベルyが付いている
モデルとしてもっとも簡単な考えが、ベクトルW = (w0, w1, ...wn) とすると

ラベルyは次のように求められる

$$y = WX + e(W)$$

e(W)は誤差で、Wの決め方により大きくも小さくもなります。
e(W)を最小にするのが、モデルの最適化ですが、
このときWに何らかの制約を設けます。

L1正則化の場合

各wiの絶対値の和（ $\sum_{i=0}^{n}|w_i|$ ）が一定値を超えないようにします。

そうすると、モデルは各w0, w1...wnをなるべく小さくするために、一部を0にします。
wmが0になった場合、特徴量xmが0になるため、
この特徴量はモデルに考慮されないことになります。

L2正則化の場合

wiの絶対値の代わりに2乗和を計算（ $\sum_{i=0}^{n}(w_i)^2$ ）し、制約を加えます。

特徴量の取捨選択ではなく重み付けを行うことで、
2乗すると微分可能になり、最小・最大を考慮できます。

●ドロップアウト

ニューラルネットワークで過学習を回避するのに**ドロップアウト**と呼ばれる方法が用いられます。

各層で一部のユニットをランダムに選んで、そのユニットを通さない（ユニットを不活性化する）ようにします。ランダムですから、学習の各反復回で、不活性化するユニットが変わります。

このようにして、すべてのデータに合わせようとする学習の動きを邪魔するのです。これは上記でいうデータの取捨選択による正則化です。

■ドロップアウトの例

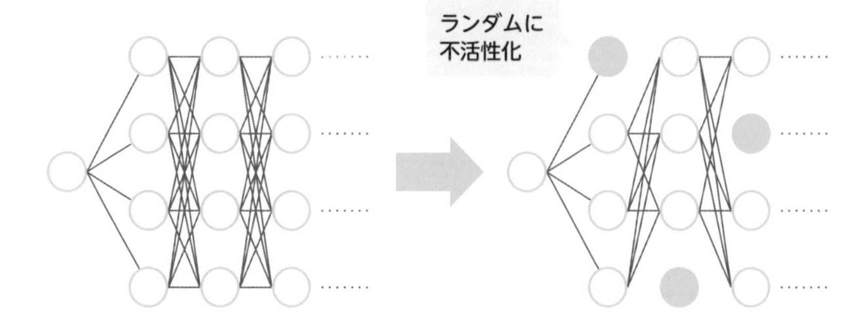

まとめ

- AIモデルの精度が異様に高い場合、過学習である可能性がある
- 過学習を回避する方法として、学習データを増やす、正則化、ドロップアウトなどがある
- 正則化の方法に、L1正則化、L2正則化がある

45 データが少ない場合

ここまでの説明で、データが少ないとさまざまな問題が発生することがわかりました。なぜデータが少なくなってしまうのか、データが少ないときに、どうやってデータを増やせばいいのかを本節で説明します。

収集データが少なくなってしまう理由

「データが少なければ集めればいいじゃないか」といいたくなりますが、そうもいかない理由がいくつかあります。

●データ収集にかかるコスト

言語処理や画像認識において、収集しようとするデータの著作権が他者にあるため使用料を支払わなければならない場合、情報収集システムがクラウド上にあるため、通信やデータの蓄積に使用料金がかかる場合などがこれにあたります。

また疾病や事件の被害情報など、データがプライバシーや個人の心情に関わるため、データの寄与に承諾してくれる人が少ない場合もあります。

●データ収集に危険が伴う

事故や災害を予測するため、危険な現場からのデータ収集を行う場合は、時間や立ち入り可能な場所に制限が生じることがあります。

●早期にPoCを構築したい

現状では、「AIモデルには大量の良質なデータが必要」という事情が、まだまだ顧客に認識されていません。そのため、データの蓄積が少ないものの、顧客のモチベーションを落とさないようにPoCを早期に構築し、その間にデータを溜めておくという方針を採ることもあります。こうしたプロジェクトでは、少ないデータからも高精度かつ偽りのないAIモデルを示し、顧客の信頼を得たいところです。

公開されている学習データを使う

思うようにデータが集まらないときは、学習用に提供されているデータセットを利用することがあります。有名なものに、アイリスデータセットとMNISTがあります。

●アイリスデータセット

学習向け・ベンチマーク用のデータセットとして有名なのは、アイリスデータセット（Iris Data Set）です。3種類のアイリス（アヤメの仲間）をそれぞれ50本選び、「花弁の長さ」「花弁の幅」「萼（がく）の長さ」「萼（がく）の幅」を記した、計150件のデータとして構成されています。

このデータはAI用に作られたわけではなく、ある学者により統計分類の目的で1936年に発表されたデータです。教師データとテストデータをどのように選ぶか、4つのデータのうちどの1つまたは複数のデータで分類するかなど、モデルの作り方によって分類精度も異なる、大変ためになるサンプルです。

アイリスデータセットは、Scikit-learnのデータセットに含まれており、ロードすることで利用できます。

● MNIST

同じように有名なデータセットとして、MNISTという手書きの数字画像のデータセットがあります。アメリカの研究所「National Institute of Standards and Technology（NIST）」で集めたデータを「Modify（修正した）」という意味で、MNISTと呼ばれています。0〜9の数字を手書きしたサンプルは、どれも28×28ピクセルの画像内に収めてあり、6万件が学習データ用に、1万件がテストデータ用に揃えられています。1998年に発表されたデータですが、最新のディープラーニングの性能を示すベンチマークとしても使われています。

MNIST

http://yann.lecun.com/exdb/mnist/

データが少ないときの対処法

P.170では、データが少ないため検証データが取り置けないときは、交差検証で対処することを説明しました。最近は検証だけでなく、モデル構築までも少ないデータで可能になっています。これは、データサイエンスやディープラーニングの発展により、少ないデータから多くの情報を取り出せるようになったからです。以下に、具体的な対処法を2つ紹介します。

●データ拡張でデータを増やす

データ拡張（Data Augmentation）は、画像認識のように、1件のデータに似たような情報が多いときに用います。

具体的には、画像をわずかに平行移動・回転など変形して新しいデータを作成します。これは「手書き文字」のように、ある目的（字を書く）で作成されたデータを、あまり数の多くないクラス（例えば数字の「0」～「9」）に分類する場合に有効です。ただし、一部の似たようなデータばかり増えるため、過学習に陥りやすく性能に影響を与える可能性があります。「手書き文字」であっても、甚だしい変形はデータセットをむしろ汚染することになりかねないため、十分な注意が必要です。

データ拡張は、過学習や外れ値の発見に用いられることもあります。少しでも変形のかかったデータに対し精度が大幅に落ちるような場合は、過学習か、そのデータが外れ値である疑いが強くなるからです。

■ データ拡張の例

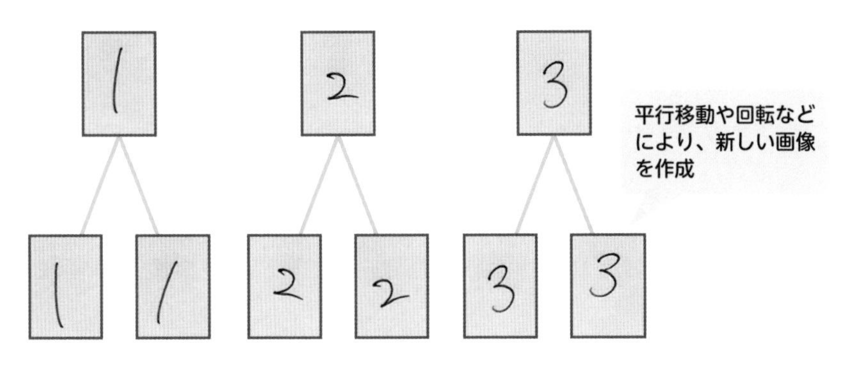

少ないデータで学習できる転移学習

転移学習とは、ほかの画像で学習済みのAIモデルから汎用的な認識能力だけを切り取って、データに固有の特徴量で学習させる部分に追加することです。これにより、簡単にAIモデルを作成することができます。ニューラルネットワークは「層状」であり、画像や言語では下部にある層ほど基本的な分析アルゴリズムを有する場合が多いことから、こうした手法が用いられます。

転移学習はニューラルネットワークでの画像や言語の認識において、10件程度の少ない学習データでも高い精度で分類や判定を可能にするため、高い評価を受けています。

■ 転移学習の基本的な仕組み

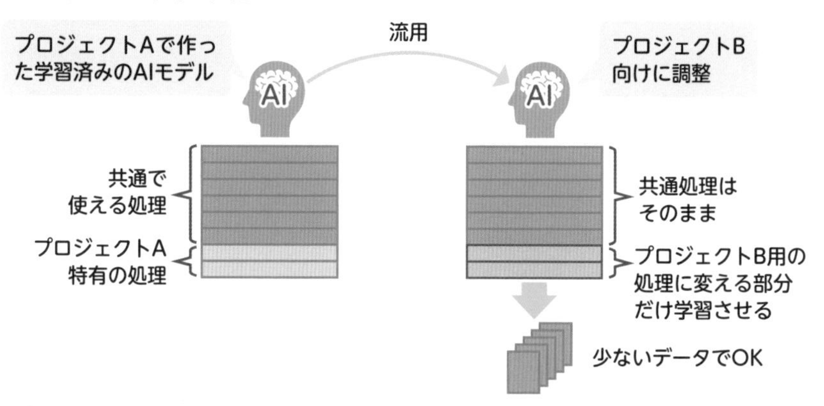

まとめ

- 顧客の都合など、さまざまな理由でデータを十分に取れないことがある
- アイリスデータやMNISTなど、公開されている学習データがある
- データ拡張で少ないデータを水増しできる
- 転移学習を使うと、少ない学習データでも、高い精度で分類や判定できる

7章

AIシステムを作る

PoCでAIモデルの精度が確認できたら、システムにAIモデルを組み込んでいきます。AIシステムは顧客に引き渡す最終的な製品となるため、顧客が期待する結果を与えること、常時かつ長期間の運用に耐えることなどが求められます。

46 PoC終了後から製品化までの流れ

AIモデルをシステムに組み込んで、AIシステム全体の設計と開発を進めていきます。AIシステムの全体の開発では、AIエンジニア以外にもバックエンドやフロントエンドのプログラマ、インフラエンジニアが開発に関わってきます。

要件定義から始まるAIシステム稼働への道

PoCの次は、AIシステム全体の設計と開発の工程へと進みます。企業によって細かな違いはありますが、基本的には以下のような流れです。

■ AIシステム全体の設計と開発の流れ

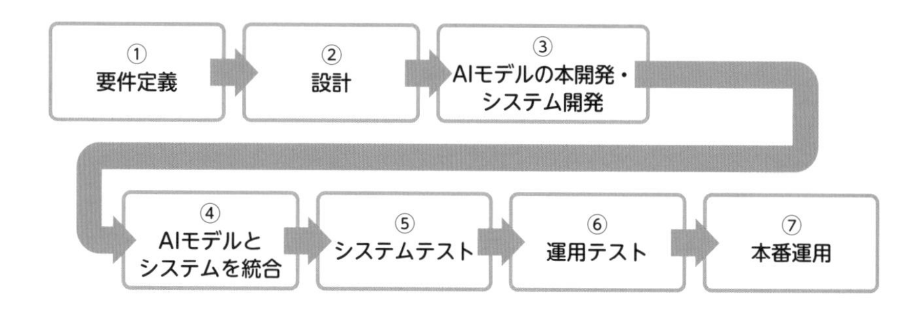

①要件定義

顧客の要望に合わせて、AIシステム全体の性能や機能、運用方法などの要件をAIエンジニアが中心となって定義します。PoCから引き続きPMが関わるほか、データの取得方法から改良点を詰めていくことになるので、データサイエンティストも引き続き重要な役割を担います。

AIシステムの特徴として、「計算量やデータフローが大量かつ長時間」という点が挙げられます。そこで、クラウドやオンプレミス上の通信・計算負荷を扱うインフラエンジニアとも調整します。

②設計

要件定義をもとに、各機能の具体的な仕様を細かく決めていきます。また、AIモデルの更新頻度や学習方法なども設計します（詳細はP.200）。

AIシステムの設計内容は、データの入力方法や結果の表示方法など、AIモデルに関する部分以外は、一般的なWebシステムやスマホアプリケーションの設計内容とほぼ同じです。

また稼働環境は、アプリケーションサーバ上にデプロイ（配置）する方法もとれますが、クラウドプロバイダであれば、AIシステムに適応して費用や負荷を抑えられるサービスもあります。どのサービスを利用するかも設計段階で確定させます。

③ AIモデルの本開発・システム開発

設計に基づいて、プログラムを書き、AIモデルやAIシステムの開発を進めていきます。

プロジェクトが小規模な場合などは、PoCで作成したAIモデルをそのまま使うこともあります。ただし多くの場合はAIシステムの設計に合わせて、AIモデルをあらためて作ります。AIモデルで使う数学アルゴリズムは、PoCで作ったアルゴリズムを流用し、AIエンジニアがデータの処理方法の確立とハイパーパラメータなどの微調整を行います。

また、AIモデルの本開発と並行して、フロントエンドやバックエンドなどのシステム開発も行います。AIモデルの開発とシステム開発のそれぞれにおいてテスト／フィードバックを繰り返し、完成度を高めていきます。AIモデルやフロントエンド、バックエンドが問題なく動作することが確認できたのちに、システムとの結合に進みます。

④ AIモデルとシステムを統合

AIモデルをシステムに組み込み、フロントエンドやバックエンド、周辺機器も含めてデータが正常に受け渡されるかテストします。

このとき、フロントエンドやバックエンド、インフラエンジニアなど、各機能を開発した担当者が連携しながら結合テストを進めます。テストの結果に基づいて、各担当者が必要な修正や調整を行います。

■ AIモデルとシステムを組み込み、各所を結合

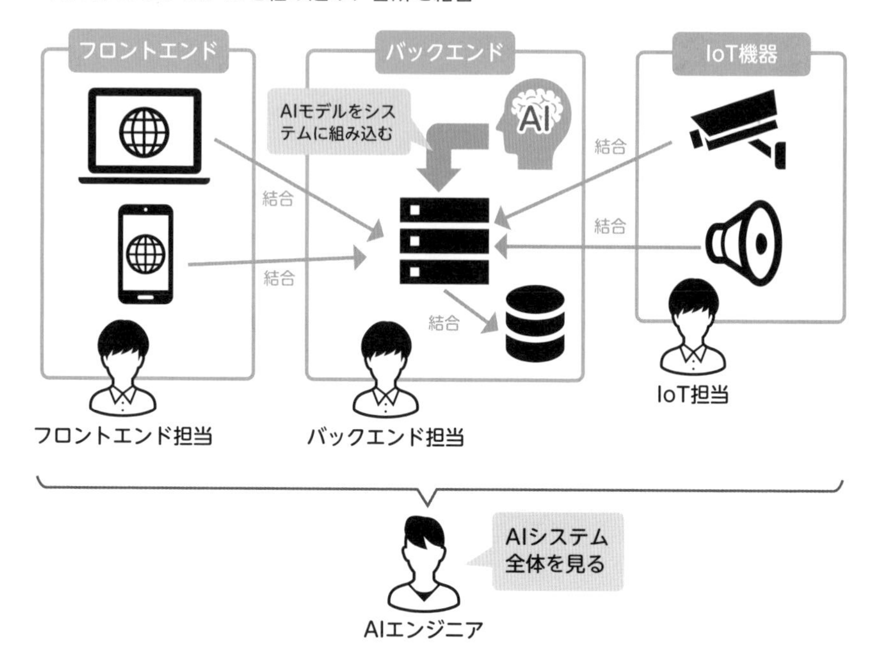

⑤システムテスト

データ取得から結果表示までの一連の流れを通して、AIシステムが要件定義を満たしていることの確認作業を行います。

開発側が実施する最後のテストであり、自社で本番に近い環境を整えて行います。AIエンジニア以外にも、PMなど要件定義をよく知っている人が関わります。

⑥運用テスト

顧客側に実施してもらうテストです。テスト環境は顧客側の運用環境か、慎重を期すならば顧客側に予備の環境を用意してもらいます。本番運用前の最後のテストです。

⑦本番運用

AIシステムを本番環境で運用していく中で、想定外のデータが取得されるこ

とや、時間の経過によって再調整・再学習が必要になることがあります。AIシステムの運用と保守は、顧客や運用専門のチームが行うこともありますが、運用開始後の所定期間は開発側で監視しながら保守を担当します。

■運用専門チームへバトンタッチ

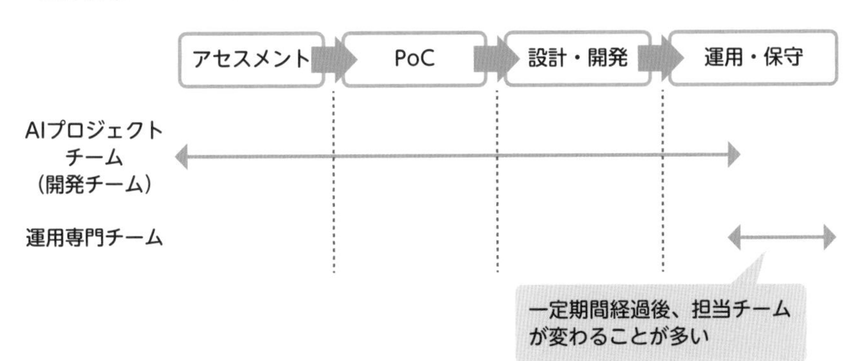

まとめ

- PoCのあとは、AIモデルを取り込んだシステム全体の設計と開発工程に入る
- PoCのAIモデルは、性能改善とシステムへの組み込みを考慮して本開発を行う
- AIモデルとシステムの結合以降は、各エンジニアが連携しながらテストを行う
- 運用開始後も一定期間は、開発チームで監視と保守を担当

47 PoCで作成したAIモデルを本番用に改良する

PoCの段階で将来の実装・運用まで見据えて作った出来のよいAIモデルであっても、本番で使うにはもう一工夫必要です。PoCと本番とでは、動く環境が異なるからです。

PoCと本番との違い

よく練られたPoCを実施すれば、出来のよいAIモデルができます。しかしそのAIモデルがそのまま本番用として使えるわけではありません。本番環境で求められる機能はPoCとは違い、さらに安定した動作が求められるからです。

●負荷の違い

PoCや開発段階では、ユーザー数やデータ数に限りがあります。しかし、本番環境の運用では、不特定多数の入力を常時受け付けることになります。同時に接続するユーザー数が多かったり、大量のデータが一度に流入したりすれば、負荷が高まります。

本番環境は、こうした負荷に耐えられるようなAIモデルにする必要があります。

●データの取り方・処理方法の違い

PoCの段階では、データがあまり蓄積されていないことがほとんどです。そこで交差検証やデータのかさ増しなどの工夫をしたり、PoCを回しながらデータを増やしていく（PoCのサイクルごとにデータセットの分布が少しずつ変わっていく）ようなこともします。

開発に向けては、データの取得方法やクレンジングの方針と基準を明確にし、可能な限りデータを増やします。また、IoT機器を使用する場合、PoC段階では機器の設置ができず、本番で運用するのと同じデータが取得できないことがあります。PoCと開発段階とのデータの取り方や処理方法が違う場合は、その違いを考慮した方法を検討します。

■ PoCと本番との違い

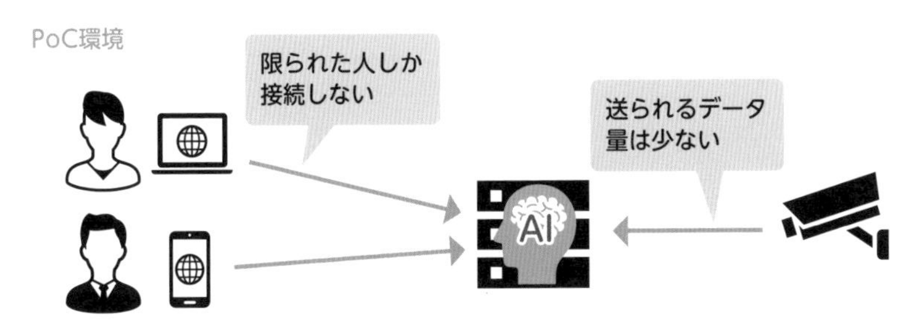

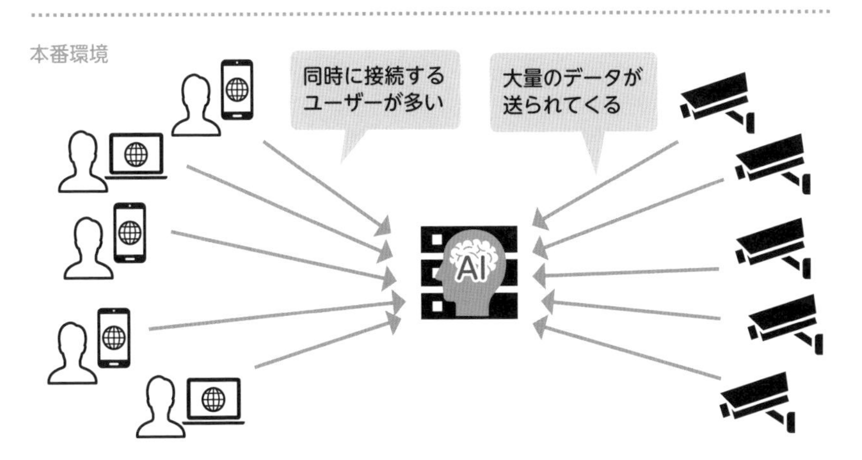

AIモデルのブラッシュアップ

本番環境に合わせてAIモデルをブラッシュアップするときは、PoCで作成した数学的アルゴリズムを流用して調整を行います。なぜなら、数学的アルゴリズムを変更してしまうと大きく動作が変わってしまい、PoCの意味がなくなってしまうからです。

例えば次のような調整を行います。

●ハイパーパラメータを再検討

AIモデルの改良でもっとも重要な点は、ハイパーパラメータの調整です。

PoCのときよりも洗練されたデータで、AIモデルの目的がもっともよく果たせるように再調整します。例えば、適合率と再現率のどちらを保つか、バイアス（偏り）とバリアンス（分散）のどちらを抑えるかなどです。

●ハードコーディングを変数に置き換える

PoC段階で係数やハイパーパラメータ、ログメッセージなどの数値をそのままプログラムに埋め込んでいる場合は、あとから変更しやすいように、別途プロパティファイルやXMLファイルなどに記述してから読み込むようにします。

●プログラムの内容を再検討

数学的なアルゴリズムは変えないとしても、それをどのようにプログラミングで記述するかは変更の余地があるかもしれません。オブジェクト指向か関数指向か、C言語に埋め込める形にするかなどは、もっとも顕著な例です。

●システムとの統合を考慮に入れた構造整理

PoCの段階ではプログラムの作りが煩雑でも、よい結果が出れば問題ないと考える場合があります。

しかしシステムとの統合を考慮した場合、AIモデルのプログラムは可能な限り処理をまとめ、読みやすく整理すべきです。なぜなら運用開始後、AIモデル部分に対してトラブルシューティングや更新が必要なとき、システムのあちこちを修正するとコスト（人員・時間）がかかってしまうからです。AIモデル部分はモジュール化し、ほかのシステムとAPIを通じて連携するようにします。

このAPIはフレームワークのようにライブラリとしてインポートするか、アプリケーションサーバ上の別のサイトに置いてエンドポイントを提供し、システムからはGET、POSTなどのHTTPメソッドでアクセスします。

●開発段階でのAIモデルの検証

本番環境で運用するAIモデルの開発では、精度を出すだけでなく、効率的で安定した動作も求められます。バグがないことにも注意しながら、テストとフィードバックを繰り返して仕上げていきます。

APIとは何か

API (Application Programming Interface) とは、プログラム同士が相互に情報のやり取りするためのインターフェイス、もしくはその仕様を指します。

もともとは、プログラミング言語が持つ標準ライブラリ以外のライブラリによって定義されたクラスや関数、メソッドなどを指してAPIと呼んでいました。例えば、Javaに対するSwingやJDBC、Rubyに対するRuby on Rails、TypeScriptに対するAngularといった「フレームワークAPI」がその代表です。そのような意味では、AIモデルはフレームワークとして、システムと同じ場所にあります。そこからAPIを読み込んで、予測のための関数やメソッドを用いることになります。

しかし最近はクラウドサービスが隆盛になり、フロントエンドとデータをやり取りするサーバと、AIモデルの処理を実行するサーバを分けることが多くなりました。この場合、システムからエンドポイントURLに対してHTTP REST命令で接続し、Base64エンコードやJSON形式によるデータだけをやり取りします。そのため、単に「API」といっても「Web API」と「REST API」を指す場合があります。

まとめ

- PoCと本番運用のもっとも大きな違いは、同時に接続する人数やデータの量
- AIモデルの数学的アルゴリズムは、PoC段階から流用する
- 開発フェーズではデータの取得やクレンジングの方法も改良する
- 本番環境での運用に向けてもっとも重要な改良は、ハイパーパラメータの調整

48 AIシステムを構築する

完成したAIモデルを含むAIシステムは、どのようなモジュールの組み合わせで構成されているのでしょうか。代表的な例をいくつか紹介します。

AIシステムの全体構成

まずは、Webページやスマホアプリから文字や画像を入力し、何かしらの結果を返すようなAIシステムの全体構成例を見ていきましょう。

■ AIシステム全体の構成例

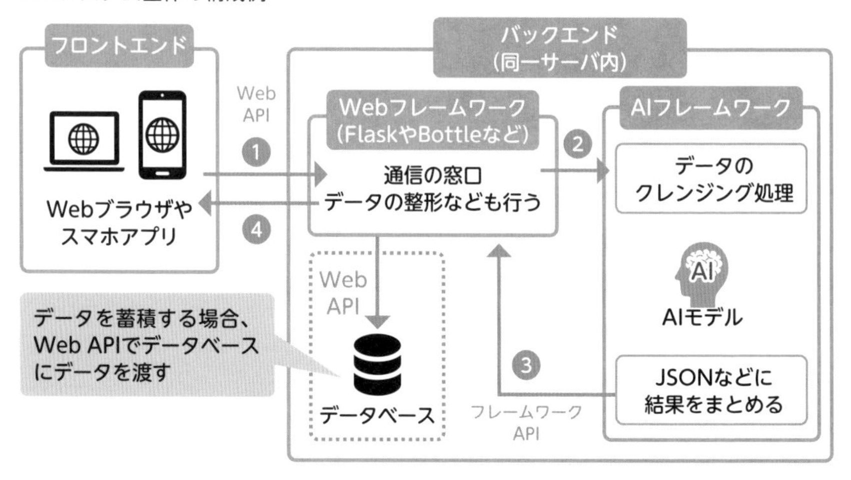

①利用者がWebページやスマホアプリなど、データ（チャットのメッセージ、分析したい画像や文章など）を入力する

②Webフレームワークが入力データを受け取り、AIフレームワークにデータを送る

③AIフレームワーク中のAIモデルで計算し、結果を出してWebフレームワークに送り返す

④Webフレームワークから、結果をWebページやスマホアプリに送る

●フロントエンド

ユーザーが操作するフロントエンドは、HTMLで書かれたWebフォームやiOS／Androidのフレームワークで書かれたアプリです。フロントエンドはWebフレームワークと「Web API」でやり取りします。

●バックエンド

バックエンドのサーバには、WebフレームワークやAIフレームワークが利用されます。Webフレームワークは、フロントエンドからの通信の受け口になる部分です。AIフレームワークの多くがPythonで書かれている関係上、AIシステムのWebフレームワークには、Pythonで書かれたFlaskやBottleなどがよく使われます。フロントエンドから受け取ったデータをAIフレームワークに渡して、AIフレームワークから何らかの結果を受け取り、フロントエンドに送ります。

P.192のAIシステム全体の構成例では、WebフレームワークとAIフレームワークが同じ1つのWebアプリケーション中にある状態としています。このような構成では、「フレームワークAPI」を使ってWebフレームワークとAIフレームワークがやり取りします。

WebフレームワークとAIフレームワークを別々のサーバに分ける構成の場合、両者のやり取りにWeb APIを用いる構成もあります。また、分析結果を蓄積する場合は、Web APIを使ってデータベースに接続し、データを保存する構成にします。

■WebフレームワークとAIフレームワークを入れるサーバを分ける場合

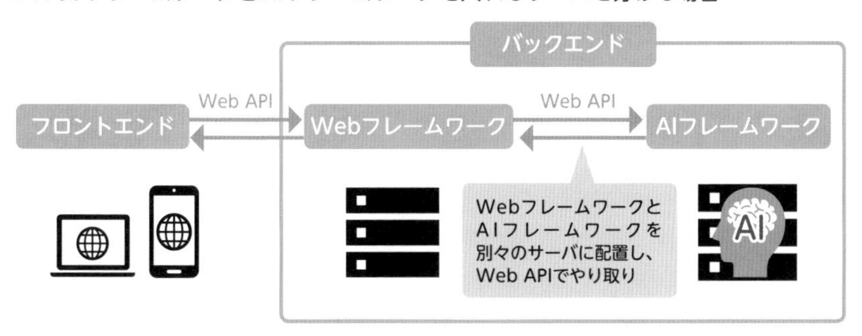

AIシステムをクラウドに置く

複数台のWebサーバや大容量のファイルサーバなど高コストな環境が求められる場合や、自社が開発した以外の汎用AIサービスを使いたい場合などに、AIシステムをクラウドに設置することがあります。

クラウド環境に設置する場合、クラウドプロバイダから受けるサービスの種類によって、クラウド環境にOSからインストールするのか、特定の処理だけを作るのかなど、必要な作業内容が変わります。

● AI用のサービスを使う

クラウドでは、AIアプリケーションの作成と運用に特化したサービスが提供されています。

例えば第4章でも紹介したAWSの「Amazon SageMaker」というサービス（P.84参照）では、AIモデルの作成、AIシステムの構築、Amazon EC2上のサーバ環境へのデプロイまで、シームレスに行えます。

● FaaS型のサービスを使う

最近では、AIシステムの実装にFaaS（Function as a Service）型のサービスを利用する例も増えてきています。具体的なサービス名としては、AWSのLambdaやAzureのAzure Functionsなどがあります。FaaS型のサービスは、必要なときに特定の関数を自動実行するという仕組みです。例えば「フロントエンドから画像がアップロードされたら、関数analysisを実行する」というようなものです。

これがコストダウンにつながる理由は、課金体系にあります。クラウドでは、さまざまなインスタンス（仮想メモリ、仮想ストレージ、仮想OSなど）について、使用している時間を秒単位で計算して課金します。よって、使用しないインスタンスを稼働させることで無駄なコストが発生してしまいます。

対してFaaS型のLambdaなどでは、処理が実行されたときだけ課金されます。料金は使用するメモリと関数の処理にかかった時間から算出されます。例えば、画像を渡して解析結果を戻すという関数があった場合、1回呼び出されると0.05円、1万回呼び出されると500円というように、使った分しか課金されないので、コストを下げることができるのです。

■ AIシステムの稼働コストを節約できるFaaS型のサービス

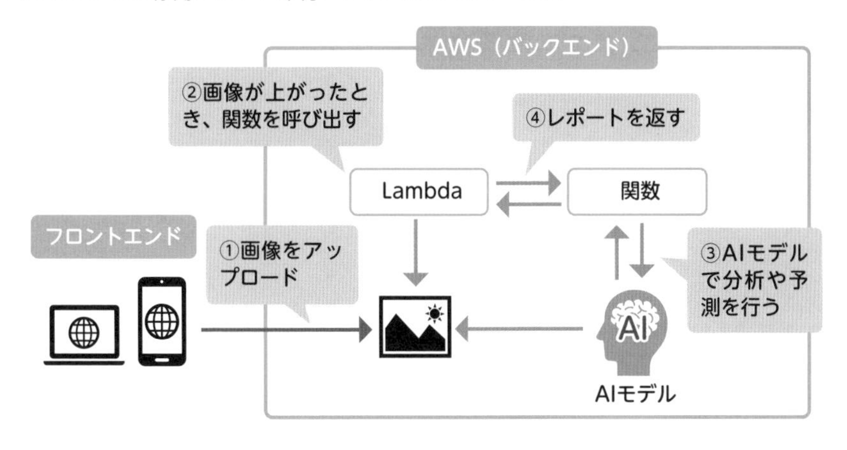

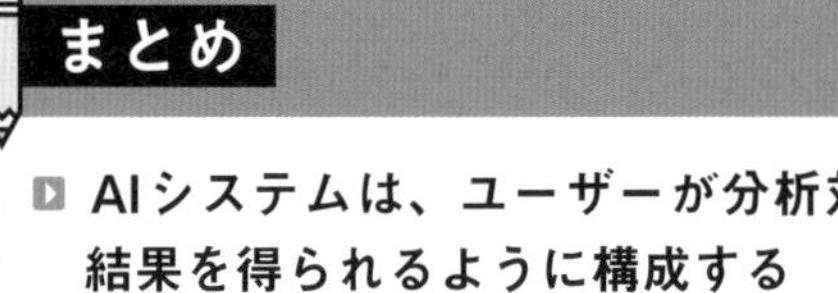

- AIシステムは、ユーザーが分析対象データを送信して、分析結果を得られるように構成する
- AIシステムの基本的な構成は、フロントエンド、Webフレームワーク、AIフレームワーク
- FaaS型のクラウドサービスを使うとコストダウンにつながることがある

49 AIシステムをテストする

構築したAIシステムは、運用前にテストする必要があります。テストで確認すべきなのは、いかなる場合でも正しく動作するということです。また、負荷をかけたときにも十分な速度で対応できるかを確認することが必要です。

AIシステムのテスト

AIシステムのテストは、大きく分けると2つあります。1つはAIモデルのテスト、もう1つはシステム全体のテストです。

● AIモデルのテスト

AIモデルのテストとは、AIモデル自体が正しい結果を出すかを確認することです。ここでは、第6章で説明したように「正解率」「適合率」「再現率」、そしてこれらを可視化した「ROC曲線」を使います。

●システムテスト

システムテストとは、AIシステムに限ったものではなく、システム自体が正常に動作するかどうかを確認するものです。

プログラムには不具合がつきものです。そこで実際にいくつかのデータを入力して、正しくない結果が出たり、システムがフリーズしたり、意図しない動作になったりしないかを確認します。

さまざまなシステムテスト

システムテストにはさまざまな方法がありますが、ユニットテスト、結合テスト、総合テストの順番で行うのが一般的です。この流れは、通常のシステム開発と同じです。

●ユニットテスト

プログラムの処理単位の小さなブロック（関数やモジュールなど）で、誤りがないかを確認する手法です。ユニットテストは単体テストとも呼ばれます。プログラムに処理したいデータを与えて、正しい結果が戻ってくるかを確認します。

ユニットテストは、「どんな値を与えたときに、どんな結果が戻ってくるのが正しいか」をテストプログラムとして書いておき、テスト自体を自動化することもあります。

■ユニットテスト

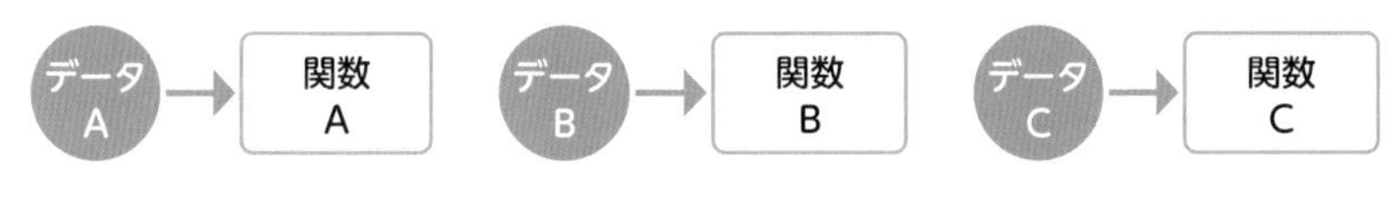

●結合テスト

ユニットテストが完了した関数やモジュールなどをつないで、データのやり取りや、連携した動作ができているかなどを確認します。ユニットテストと同様、自動でテストできる部分については、自動化するのが望ましいです。

■結合テスト

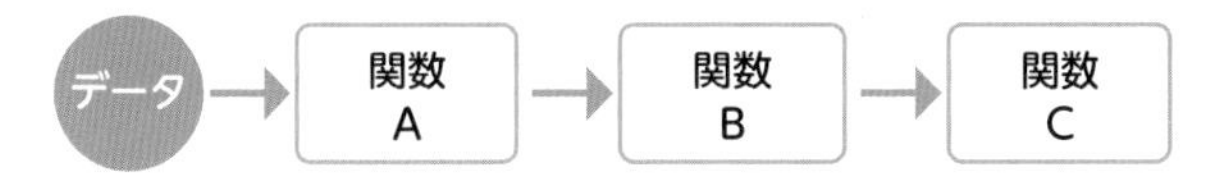

●総合テスト

できあがったシステムに対して、実際の運用と同じ状況でプログラムを動かして問題がないかを確認します。例えば、ユーザーがデータを入力して正しい結果となるか、ほかのシステムとの連携がうまくいくかどうか、夜間に自動的に起動するプログラムが正しく動作するかなど、すべての処理をまんべんなくテストします。

総合テストも自動化するのが望ましいですが、すべての手順を自動化するプログラムを作ると、それだけで大きな工数になってしまいます。このため手作業でテストするケースも少なくありません。

■総合テスト

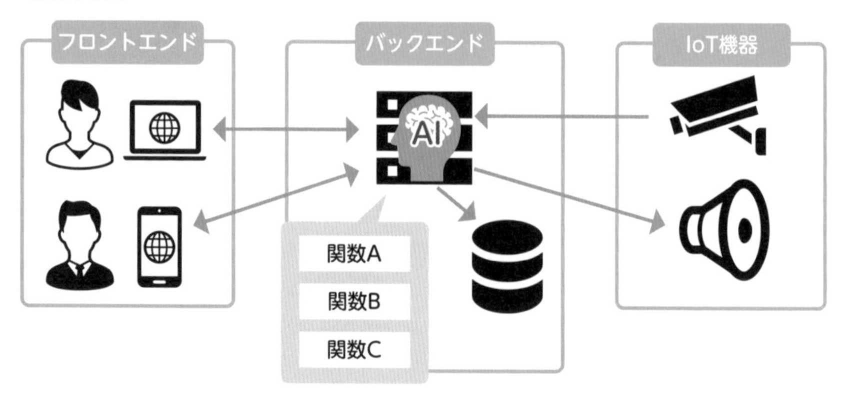

負荷テスト

利用者が多いシステムや、多くのデータを処理するシステムでは、システムに高負荷がかかったときに問題なく動作するか、実用的な処理速度の範囲内で動作するかを確認することが重要です。

これを事前に確認するのが「負荷テスト」です。負荷テストではシステムに同時アクセスするプログラムを実際に走らせ、わざと高い負荷をかけて、どこまで負荷に耐えられるかを確認します。ストレステストともいいます。

■負荷テスト

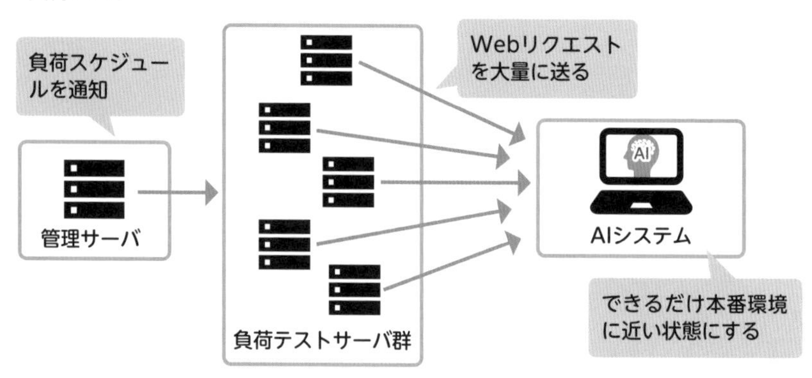

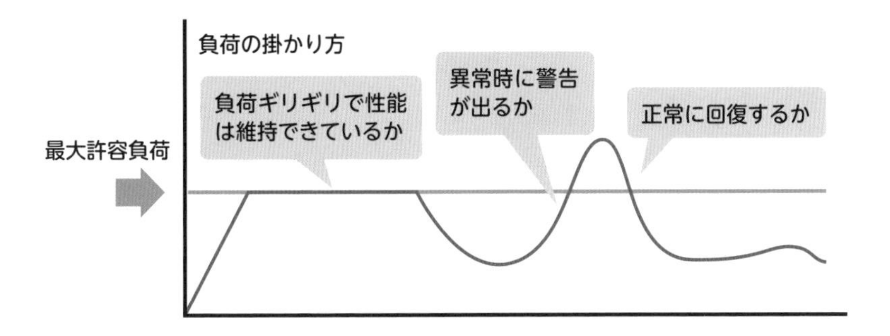

負荷テストの有名なツールとして、オープンソースのJMeterがあります。これはWebシステムに負荷をかけることができるツールで、複数のスレッドを作ることで複数のユーザーからのアクセスを再現し、システムにどれくらいの負荷がかかっているかリアルタイムでモニタリングできます。

AIシステムが本番運用に入る前に、最低限本番環境のユーザー数やデータ数を想定した負荷テストをしておくべきです。「テストのときの少人数の利用なら問題なくても、本番で多数のユーザーが使おうとしたら、まったく使えなかった」という状態にならないようにしましょう。

JMeter

https://jmeter.apache.org/

まとめ

- AIシステムでも、通常のシステムテストと同様のテストをする
- システムテストでは、ユニットテスト、結合テスト、総合テストの順にテストの範囲を広げる
- 運用前にシステムにあえて負荷をかけ、動作を調べて改善する負荷テストも実施する

50 AIモデル更新の方法を検討する

データは生き物です。使っていくうちに傾向が変わります。精度の確保を考慮すると、最初に作ったAIモデルを永久に使い続けることはできません。精度を維持するには、AIモデルの更新が必要です。

AIモデルの更新が必要な理由

最初に作ったAIモデルは、システム納品のときに学習させたデータを基に作ったものです。時間の経過とともに、データの傾向は変わるものです。例えば売上予測をするAIモデルであれば、来店数や商品アイテム数が変わってきますし、景気などの外的要因でも変動します。そのため、最初に作ったAIモデルを使い続けると精度が落ちてきます。精度を維持し、より高めていくには、適当なタイミングでAIモデルを更新する必要があります。

AIモデルの更新とは、データの学習をやり直して、直近のデータに適合するようにパラメータを調整することです。「**再学習**」とも呼びます。

ただしAIモデルの更新するにあたって、新規で構築するときと等しい労力がかかる場合は、新規案件として対応することもあります。どの程度の対応（どのパラメータか、アルゴリズムのどの部分かなど）が運用・保守における更新作業になるのか、要件定義の段階で明らかにしておく必要があるでしょう。

AIモデル更新の手法

AIモデル更新には、いくつかの手法があります。

●バッチ学習

学習対象となるデータを、すべて一括で学習する方法です。集まっているデータをまとめて学習し直して、新たに学習させたAIモデルを既存のAIモデルと差し替えます。

バッチ学習の利点は、AIモデル作りで最初に学習させた方法と同じなので、実装で新たに考慮すべきことがないという点です。

その反面、すべてをまとめて学習させる必要があるため、メモリを多く消費し計算能力も必要です。ただし、システム運用とは違うマシンで学習することができますから、バッチ学習のときだけ、高性能なマシンを用意することで、処理能力の問題は回避できます。

■バッチ学習

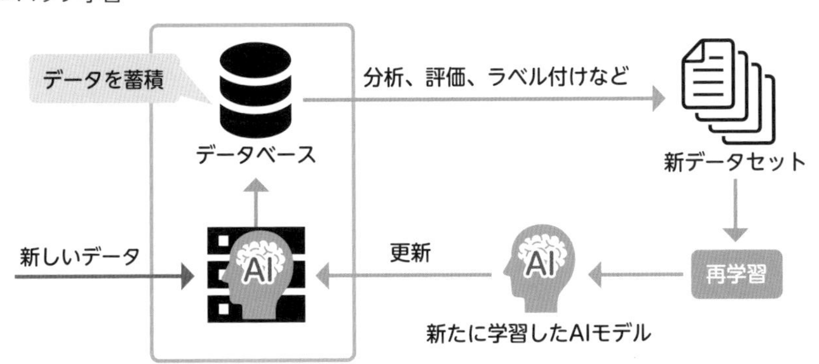

●オンライン学習

学習データが入ってきたら、その都度AIモデルを更新する方法です。オンライン学習の利点は、新しいデータをその場ですぐに学習できることです。その反面、オンライン学習に対応したAIモデルは限られており、必ず利用できるわけではありません。

オンライン学習にはさまざまなアルゴリズムがありますが、考え方としては、新しいデータを与えたとき、そのデータを正解とする確率を高くし、かつ全体のバランスを保つために、分布が変わらないようにパラメータを調整していきます。

オンライン学習では、リアルタイムでAIモデルが更新されていくので、検証しにくいのが難点です。結果が安定しなかったり、想定外の結果になったりする可能性もあります。そのためオンライン学習の用途は、「データを取得するたびに学習を実施したい、なおかつメモリの消費を抑えたい」といった、限定的な使い方に限られます。例えばスパム判定するAIにおいて、ユーザーが「スパムと判定したか否か」を学習していくなど、単純なケースです。

■オンライン学習

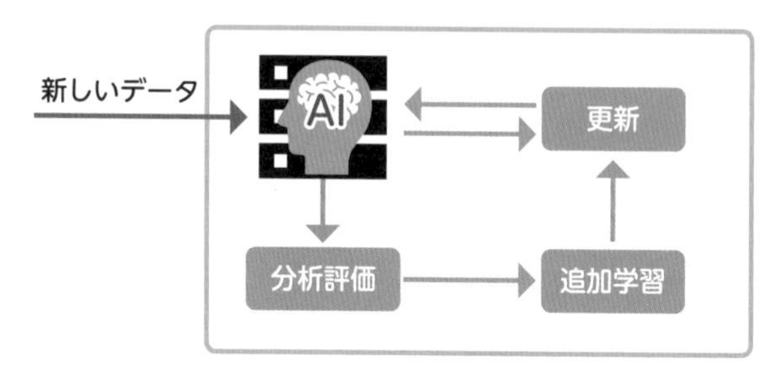

●ミニバッチ学習

データを分割して、その単位でまとめて学習する方法で、バッチ学習とオンライン学習の中間に相当するものです。

ディープラーニングでは、ミニバッチを使った手法が考案されており、広く使われています。

■ミニバッチ学習

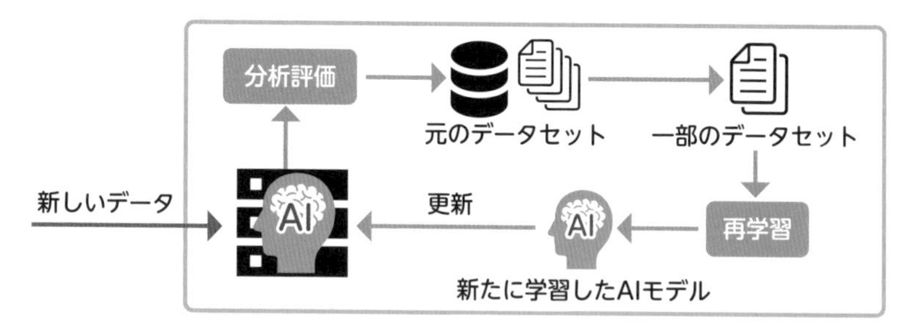

AIモデル更新の頻度

オンライン学習やミニバッチ学習は、AIシステム自体に再学習の仕組みを取り入れる手法です。ですからシステムを運用していけば、常に新しいデータを取り込んでAIモデルを再学習していくことができます。これによって、AIモデルが自動的に成長します。

一方でバッチ学習を採用する場合は、手作業でAIモデルの更新をしなければなりません。AIモデルの更新頻度としてどの程度が妥当なのかは、分析の対象や期待する精度によって異なります。

更新間隔が長いと古い学習データを使って判断することになるので、AIモデルの精度は低くなります。一方再学習には、学習のためのコスト（計算コストおよび学習をさせる人員の工数）が必要です。またAIモデルを更新するということは、当然ながら要求された精度が出ているかの再確認が必要で、その工数もかかります。また、AIモデル更新を境に結果が大きく異なってしまうと運用の現場が混乱する恐れもあるので、そうしたことがないような考慮（もしくは現場への説明）も必要です。

総じていうと、AIモデル更新は、精度が低化していないならあまりやらないほうがよいでしょう。最初のうちは、どの程度の期間で精度が低化するかわからないので精度を評価しつつ運用し、精度が下がってきたタイミングを目安として定期的に変更していくなど、更新期間を決めていくのがよいでしょう。

■ AIモデル更新の頻度

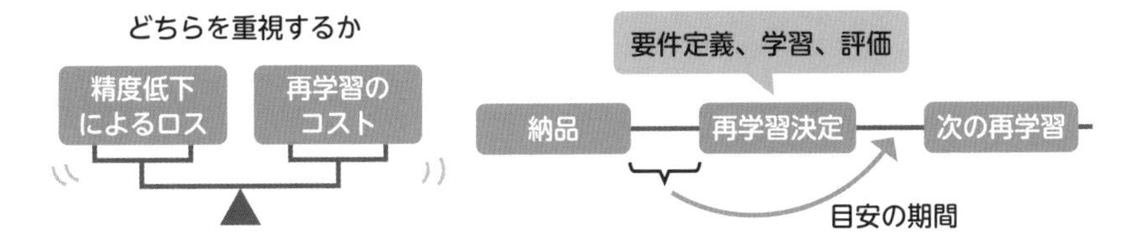

まとめ

- 運用を開始してから一定時間が経過すると、AIモデルの再学習が必要となる
- 再学習は、データを一新するバッチ学習と、新しいデータを追加していくオンライン学習がある
- 精度維持の必要性と再学習のコストを比較しつつ、再学習の最適なタイミングを決める

ユーザーの操作が必要なテストを自動化する

総合テストでは、実際にユーザーがボタンをクリックしたりテキスト入力したりといった操作をしながら、結果を確認します。こうした確認を手作業で行うのはなかなか大変です。

そこで最近では、テストを自動化するためにRPAツールが使われることがあります。プログラムで自動化する場合は、Webブラウザのユーザーインターフェイスを操作できるSeleniumのようなツールがよく使われます。

Selenium 公式サイト
https://www.selenium.dev/

8章

AIシステムの運用

通常のITシステムと同じように、AIシステムでも保守・運用が欠かせません。またAIシステムの運用は、故障への対応だけでなく、増大するデータへの対応のほか、時間の経過に伴い低下するAIモデルの精度への対処も必要です。この章では、AIシステムの運用にはどういった対応が必要なのかを説明します。

51 システムの運用

AIシステムを運用していると、ネットワークやサーバに不具合が発生することがあるので、適切な保守運用が不可欠です。また、AIモデルが一定の精度を保てるように対応することも必要です。

システム運用とは

システム運用とは、サーバやネットワークなどのインフラや、そこで動作しているアプリケーションやサービスなど、すべての構成要素が停止しないように適切な保守管理をしていくことです。システム運用では、主に次の3つの作業を行います。

- **監視**
- **バックアップ**
- **メンテナンス**

これらは一般に、AIエンジニアではなくインフラエンジニアが担当します。ただしインフラエンジニアは、システムがどのように使われているのかを知りません。どのように保守・管理するのかという指示は、AIエンジニアが行う必要があります。

●監視

システムに異常がないかを監視します。異常には、通信遮断やサーバの停止、ディスクの異常や容量不足、負荷率の向上など、さまざまなパターンがあります。人の目ですべてを確認するのは不可能なため、監視すべきポイントを設定した監視ソフトを導入し、異常が発生したときに管理者に通知するようにします。

異常があったときは、速やかに原因を究明して問題解決に務めます。環境によってはその対応のため、深夜の時間帯でもインフラエンジニアが持ち回りで対応することがあります。データセンターやクラウドを利用している場合は、監視の一部を専門の事業者に任せることもできます。

●バックアップ

ディスクの障害などでデータが失われたときに備え、バックアップを取る作業です。こちらも監視と同様、バックアップソフトを定期的に動かすように設定し、無人で動作させます。

●メンテナンス

OSやアプリケーションを最新版に変更する作業です。古い状態で使い続けると不具合が生じたり、未解決のセキュリティホールに攻撃されたりする原因になるので、定期的な更新が不可欠です。

AIシステム固有の運用

ここまでに述べたのはシステム全般の話ですが、AIシステム固有の運用もあります。これはAIエンジニアが担当します。

●精度の監視

十分な精度が出ているかを定期的に監視します。精度が低いときは、元のデータが正しく送られてきているか、欠損などの異常がないかなどを確かめるほか、センサやカメラなどの異常、アプリケーションの不具合なども調査します。

●AIモデルの更新

正しいデータが送られていて機器やアプリケーションにも問題がないのに、徐々に精度が落ちていく場合があります。これは時間の経過とともに、AIモデルがデータの傾向と合わなくなってきた可能性があります。解決するためには再学習したり、現在の状況に合うようにパラメータを調整したりします。

■ AIシステムの運用

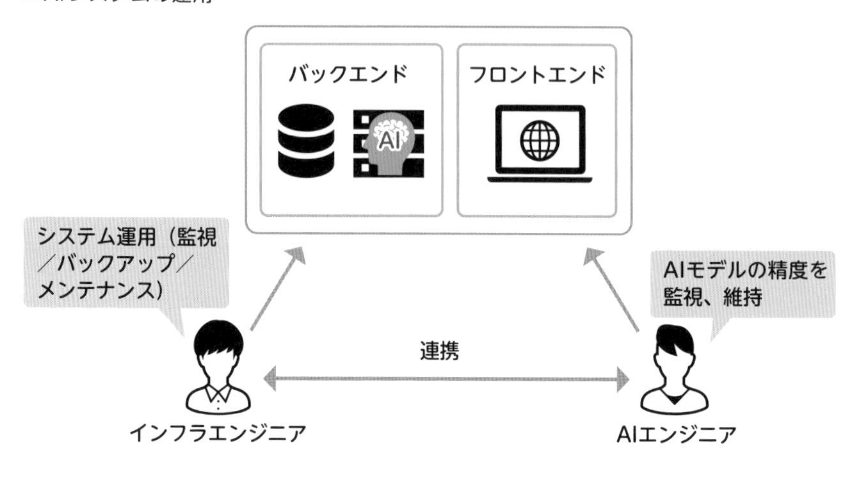

システムのアップデート

AIシステムを運用していると、システムをアップデートしなければならないこともあります。主に次の2パターンに分かれます。

●耐用年数の経過

サーバやネットワーク機器、利用しているソフトウェアが古くなり、それらを更新しなければならないケースです。主にインフラエンジニアが主体となって更新計画を立てますが、更新の際、AIシステム自体を新しい機器やソフトウェアに対応できるようアップデートすることがあります。そのため、AIエンジニアやプロジェクトマネージャ、そして顧客を交えて詳細を詰めていきます。

●新しい機能の追加

顧客の要望によって、新しい機能を追加するケースです。この場合、新規開発のときと同様に、プロジェクトマネージャが顧客との窓口になって進めていきます。

運用しているAIシステムに新機能を追加するためには、本番環境で稼働しているAIシステムを一時的に停止し、新機能を反映して再起動させるのが一般的です。しかし顧客の要望やAIシステムのサービス内容によっては、停止せずに新機能を追加することが求められます。また、追加機能を適用する際には、既存の部分もそのまま使い続けられるようにするため、データのコピーや変換などが必要になることもあり、入念な導入計画が必須です。

新たなAIシステム開発へ

AIシステムの運用に伴って集められたデータは、その企業の資産です。そのため、AIシステムのアップデートという形ではなく、別の視点からデータを分析するAIシステムを作るなど、新しいプロジェクトが始まることもあります。

■ さらなるデータ活用

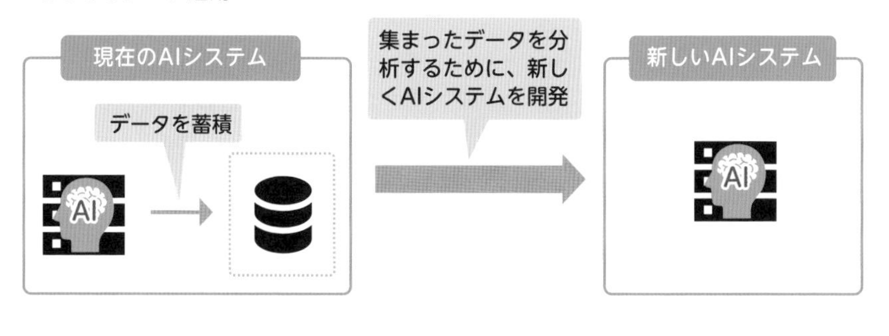

まとめ

- AIシステムの運用には、監視・バックアップ・メンテナンスが不可欠
- 一定の精度が出るように、監視やAIモデルの更新を行う
- AIシステムは耐用年数の経過のほか、顧客の要望によっても更新することがある

52 AIシステムを監視して異常がないかチェックする

AIシステムの運用では、システムの監視が欠かせません。センサやカメラを使ったシステムでは、位置や角度が変わることで精度が大きく低下してしまうこともあります。

システムとしての異常

AIシステムは、業務システムの一種に過ぎません。業務システムの運用ではサーバやネットワーク、ストレージ、データベースなどの異常や、ソフトウェアの不具合などによって異常が発生することがあります。異常が発生すると当然業務にも影響が出ます。それを避けなければならないのは、通常の業務システムと変わりません。

■システムを冗長化し、異常があったときにアラートを出す

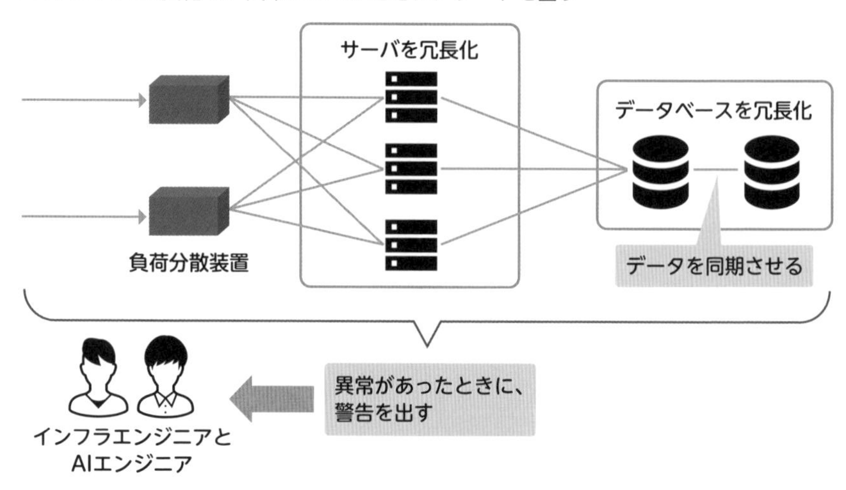

サーバやストレージ、データベースを冗長化します。そして万一に備えて、ストレージやデータベースをバックアップします。こうした一般的な冗長化はAIシステムでも必須です。また、利用できないと業務に大きく支障をきたすシ

ステムの場合は、ネットワークもバックアップ回線を用意しなければならないでしょう。

いくら対策しても異常をゼロにはできないので、異常を検知したら、それをすぐにインフラエンジニアに通知する仕組みも必要です。そのために監視ソフトを導入します。

AIシステムならではの異常

一方で、AIシステムならではの異常もあります。AIシステムの目的は、データを入力することによって、予測や分析などの結果を得ることです。しかしながらAIシステムは、運用するにつれ予測や分析などの精度が次第に落ちていくのが一般的です。精度の低下は、主に次の2つが理由で起こります。

●データの異常

原因の1つは、入力データの異常です。カメラを使っているシステムであれば、カメラの向きや光の当たり方などで学習時と条件が変わると、正しい結果が出なくなる可能性があります。

センサについても同様で、センサの位置やセンサの周辺の環境（温度センサなら、冷暖房の向きなど）に影響されることがあります。

こうした要因の場合、カメラやセンサを調整したり、もう一度新しい環境で学習し直したりする必要があります。

●環境の変化

もう1つの原因は、環境の変化です。売上予測するようなAIシステムでは、競合店が近くにできるなどの外的要因によって、来店者数が設計時とは違ってくることがあります。そうしたことがなくても、人口や人の好みなどは時が経つにつれて変化するものです。設計時のままというわけにはいきません。

そのためAIシステムでは、運用開始時のままのAIモデルを使い続けることはできません。半年や1年といった単位で再学習したり、AIモデルを更新したりするなどの保守が必要になるのです。こうした保守をしないと、AIモデルの予測と現実がだんだん乖離し、精度が低下していきます。

■時間経過による変化

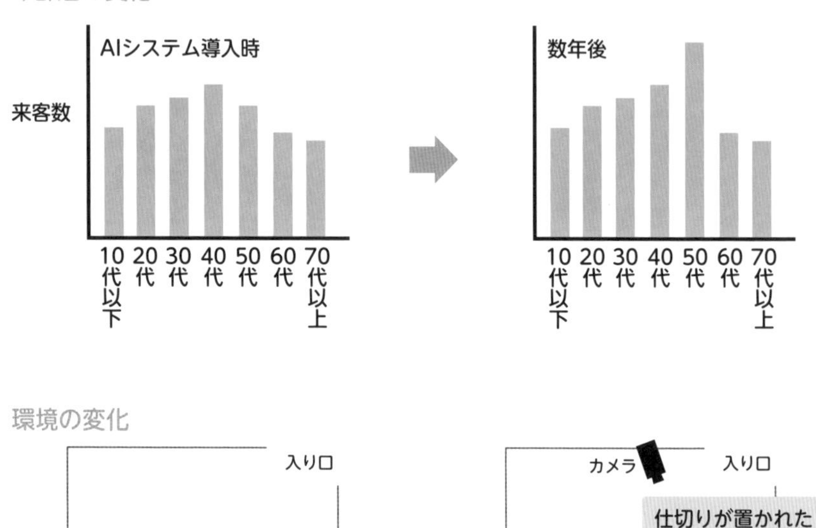

年齢層の変化
AIシステム導入時
来客数
10代以下
20代
30代
40代
50代
60代
70代以上
数年後
10代以下
20代
30代
40代
50代
60代
70代以上
環境の変化
入り口
レジ
カメラ
カメラ
入り口
仕切りが置かれた
レジ
カメラ

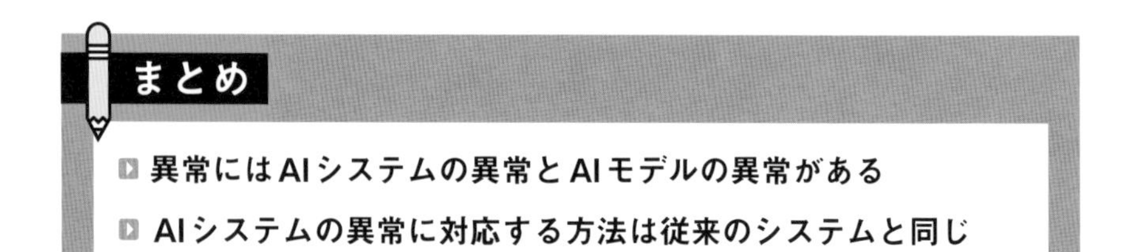

まとめ
異常にはAIシステムの異常とAIモデルの異常がある
AIシステムの異常に対応する方法は従来のシステムと同じ
AIモデル異常は精度の低下を伴うもので、入力データを疑う

53 AIモデルの更新

環境の変化の影響でAIシステムの精度は低下するため、「AIシステムは設計したら終わり」というわけにはいきません。現実は変わり続けるので、それに合わせてAIシステムも運用しながら育てていかなければなりません。

AIモデルの更新

AIモデルは時間の経過とともに陳腐化し、精度が落ちていきます。環境の変化やデータの傾向に応じて、更新を行う必要があります。

更新方法は主に2つありますが、それぞれにメリットとデメリットがあります。

●一定期間でモデルを差し替える

半年や1年など、ある程度の期間を区切ってAIモデルを作り直し、差し替えます。P.200で説明した、バッチ学習で再学習し新しくAIモデルを作って更新する方法です。

メリットは、初期導入の際と同じように学習させるので、差し替えのときの仕組みを別途考えなくてよいことです。デメリットは、差し替えたタイミングで、従来と結果が大きく変わってしまう可能性があることです。そのため、性能検証にコストがかかってしまう恐れがあります。

●運用時に逐次学習する

運用時に取得したデータを学習させて、常にAIモデルを更新していく方法です。これは、P.201とP.202で説明した、オンライン学習やミニバッチ学習に該当します。

メリットとしては、改めて保守をしなくても自動ですぐにAIモデルに反映されることですが、これはデメリットでもあります。なぜなら、学習するタイミングで通常値から逸脱した値がくると、その値を学習してしまい、性能に影響を与える可能性があるからです。

もう1つのデメリットは、運用しながら学習できるAIモデルを選ばなければならないことです。すべてのAIモデルが運用しながら学習できるわけではありません。利用できるAIモデルは限られています。また学習には時間がかかるため、高い計算能力を持つサーバを使わなければならないのもデメリットです。

トレンド期間中のデータを除外して再学習する

AIモデルの精度は、どれだけ適切なデータを入力するかで決まります。そのため学習時にはノイズを除去したり、全体から逸脱した値を除外したり、欠損値を排除したり補正したりして、きれいなデータにしてAIモデルに入れます。

最初のAIモデル作りではデータ全体を見て、逸脱したデータが入らないように注意を図ります。しかし運用中にAIモデルを更新する手法を採用すると、逸脱したデータが入りやすくなります。売上予測のAIシステムを例に考えてみましょう。売上は人の嗜好に大きく左右されます。何かブームが到来すると、特定の商品だけ多く出荷されるようなことはよく起こります。

運用しながらAIモデルを更新する手法を採る場合、トレンド期間中の売り上げデータも学習しますから、AIモデルの出力はトレンドに追従します。しかしトレンドが収束すると、AIモデルの出力が現実と乖離し、精度が低下します。

■トレンドの影響による予測値の乖離

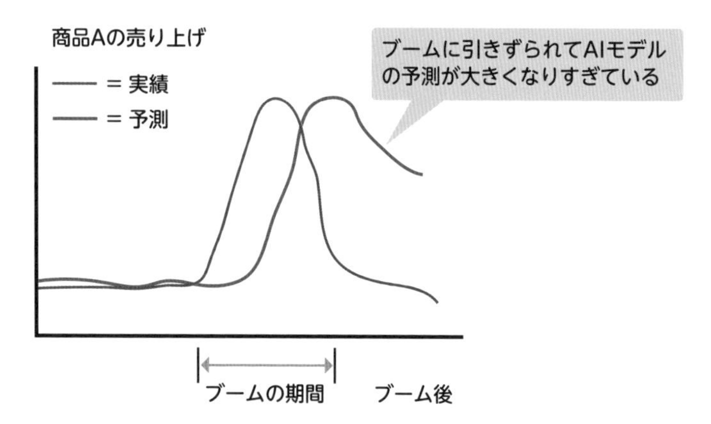

こうしたときは、トレンド期間中のデータを除外して再学習することが必要になります。そのためには、もちろん学習データの履歴をすべて残しておく必要があります。どのタイミングでどういった情報を除外するのかは、実際の乖離の状態を見て判断します。

AIモデルに新しい知識（変数）を入れる

AIシステムを運用していると、あとから新しいパラメータを入れたくなることがあります。例えば、結果に影響を与えるパラメータに新たに気が付いたり、新しいセンサを導入したりと、取得するデータ自体を追加するケースがあります。

そのような場合は、新しいパラメータを変数として追加してAIモデルを作り直し、学習し直します。この作業はさほど難しいものではありません。問題は、新しいパラメータを追加する前後の学習データの違いです。

新しく学習するデータについては問題ありませんが、過去に学習したデータについては考慮の余地があります。なぜなら、過去の学習データには、新しく追加するパラメータに相当する値がなく、欠損値となるからです。単純に欠損値を0として扱ったり、最頻値を採用したりすると、結果が乖離する恐れがあります。

そこでとられるのが、追加するパラメータを予想するためのAIモデルを新たに作り、それを使って過去のデータに対して該当するデータを入れる方法です。こうすることで、新しいパラメータを入れる前後の結果の乖離を防ぐことができます。

■過去のデータに追加するパラメータを補うためのAIモデルを作る

	パラメータA	パラメータB	パラメータC	パラメータX
古いデータ	5	6	10	?→2
	8	11	19	?→4
	3	15	4	?→3
新しいデータ	9	15	4	3
	16	22	50	10
	6	32	19	6
	14	51	22	8

予測値を採用する

パラメータXの導入

パラメータA~Cで、パラメータXを求めるAIモデルを作る

まとめ

- 精度を落とさないためには、新しい出来事を追加で学習する運用が不可欠
- 特定の期間に値が大きく乖離するデータを入れると精度が落ちるので、除外して再学習する
- 再学習のためには、過去データをすべて記録しておく必要がある
- 新しい知識を入れるとき、過去データの該当値は、その予想AIモデルの出力値で代用するとよい

54 AIシステムの苦手な部分は人がフォローする

AIシステムには苦手な部分もありますし、不完全がゆえに最終判断を任せられない場面も少なくありません。足りないところは人がフォローして、システムをうまく利用しましょう。

人手の軽減を目的としたAI

AIの利点の1つに、人が判断していた部分を自動化できることが挙げられます。自動化が完璧になり、一切の人手がいらなくなるのが理想ですが、まだ実現には至っていません。

AIは人と同じように間違えることがあり、すべてを任せるのは危険な場合があります。従来の業務システムなどは決められたロジックに従って動くので、ロジックに間違いがなければ100%完璧に動きます。しかし、AIは計算による予測でしかなく、完璧に期待通りの判断を下すわけではありません。AIシステムは、ある程度の自動化を達成しつつ最終的な判断は人がするものとして考えたほうがよい場合があります。

人との協業を考える場合、P.172でAIモデルを評価するときに用いた「真陽性」「真陰性」「偽陽性」「偽陰性」の、どれを重視するのかが重要です。例えば、「病気（陽性）」なのに「病気でない（陰性）」と判断される「偽陰性」があってはならない場合、「病気でないのに病気が疑われる（偽陽性）」が多少生じても、やむなしという場合があります。

一方、「スパムでない（陰性）」なのに「スパムだ（陽性）」と判断される「偽陽性」のメールが自動でゴミ箱に送られては、ビジネスの失敗にもなりかねませんから、このときは、「多少のスパムが受信トレイに紛れ込む（偽陰性）」のもやむなしということになります。

■ある程度の偽陰性は許容範囲

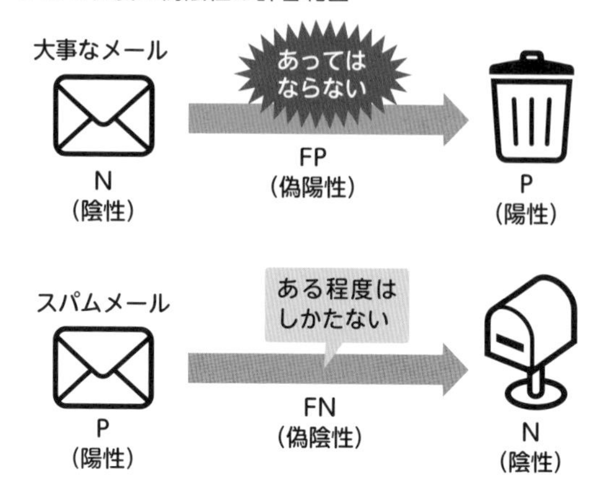

ビッグデータ時代のAI

もう1つのAIの利点は、人では気付けないデータの分布や傾向を可視化できることです。人が膨大な量の変数を目視して傾向を見つけたり、データを予測・分類したりするのは現実的ではありません。

異常検知はそのよい例です。システムのネットワークへの侵入などが話題になることがありますが、膨大な通信記録（ログ）から侵入された痕跡を見つけるのは非常に困難です。とても人が判断できるデータ量ではないからです。そこで、通信記録をAIでリアルタイムに監視し、異常と思われる情報を見つけたら、人に対してアラートを出す仕組みが導入されています。こうした仕組みを使うことで、人が判断しなければならない仕事を大きく減らすことができます。

同じような取り組みは、電線の傷、ボルトやナットの緩みの判定にも使われています。従来はビデオカメラの画像を専門家が見て判断する必要がありましたが、いまではAIで判断できるようになり、人がやらなければならない仕事が大きく減りつつあります。

ほかにも、顧客の行動データや各種センサから届くIoTデータなどのビッグデータを扱うことが増えてきていますが、こうしたデータを1つずつ人が確認していくのは不可能です。データが巨大化しているため、人がデータの全体像をつかめるように、大量のデータを分析できるAIシステムが必須といえます。

人はAIシステムが分析・予測をした結果を確認することで、効率よくビッグデータを活用することが可能です。今後はより一層、AIと人の協業が重要になっていくでしょう。

■ AIシステムを活用して、ビッグデータの分析・予測をする

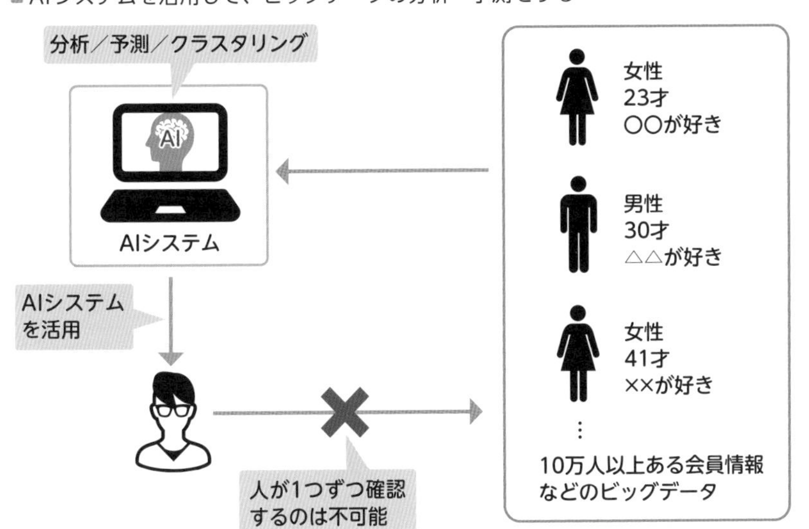

まとめ

- 人の作業の前にAIシステムを入れて振り分けると、作業量を大きく減らせる
- 振り分けるときは目的によって、「真陽性」「真陰性」「偽陽性」「偽陰性」の、どれを重視するのかが重要
- ビッグデータの解析は、AIシステムを活用して行う

AWSのサーバ監視ツール

AWSには、AWS上で動作している各サービスを監視するAmazon CloudWatchというサービスが用意されています。AIシステムの運用にAWSを利用するのであれば大変有用です。Amazon CloudWatchでは、主に次のことができます。

- **AWSで利用しているサービスのリソースを監視する**
- **AWSで利用しているサービスからログを収集する**
- **設定した条件に合わせてアクションを起こす**

■Amazon CloudWatchを利用したサーバの監視

Amazon CloudWatch

https://aws.amazon.com/jp/cloudwatch/

9章

AIエンジニアになったら

AIエンジニアとして活躍するためには、少しずつ知識範囲を広げて、できることを増やす必要があります。ここではAIシステムの開発でありがちな問題や、実務で求められるスキルなどを解説します。またAI業界では、新しい情報技術を常にキャッチアップし続けていきましょう。

55 地道な経験を積もう

AIは最先端の技術ということで、華やかなイメージがあるかもしれません。しかし、一人前のAIエンジニアになるためには、既存のAIシステムの運用やデータ集計など、地道な経験を積んでいくことが大切です。

多くの案件に触れる

「AIシステムを開発する企業に就職した」「AIシステムのプロジェクトや開発部署に入った」からといって、いきなり新規のAIシステムの開発業務ができるわけではありません。運営中のAIシステムのチューニングやデータ集計など、地道な作業からスタートすることもあります。運営中のAIシステムのチューニングやデータ集計を通して、実際に使っているデータの扱いや運営のノウハウを学んで行きましょう。

■ AIシステムの開発・運営のさまざまな作業からノウハウを学ぶ

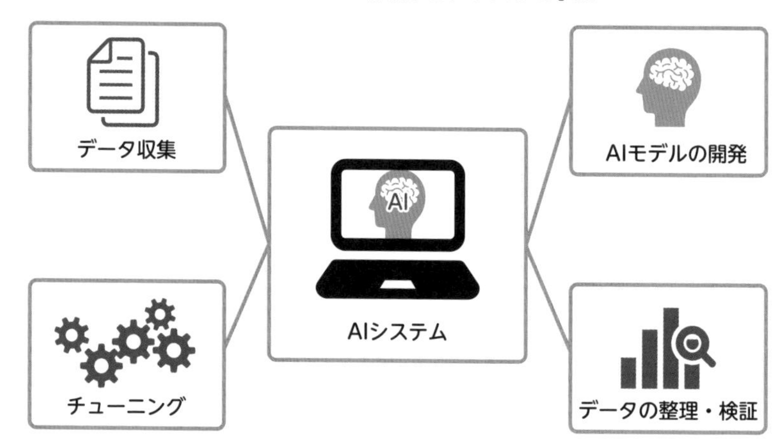

手法選択は経験値に左右される

多数のAIプロジェクトを経験することで、「どのような課題に対して、どんな技術を使ってきたのか」が身に付きます。そうすると次第に、「この課題には、この手法がよいのではないか」と最適な手法をスムーズに検討できるようになります。とくに特徴量エンジニアリングに相当するデータの前処理が上手か下手かは、こうした経験によって分かれてきます。

実際に扱うデータは単純なものではありません。さまざまな手法を知っているからといって最適な手法を選べるかどうかは別問題です。

いざ、新規のAIモデル構築を検討するとなったときに、画像データや音声データ、言語データに限らず、「データをずらっと見て、すぐに適切なAIモデルが浮かぶ」ということはほとんどありません。データ集計や統計結果を考察し、そこにどのような特徴量が乗ってくるかを考えていくことが大事です。どれが最適な手法か、どんな手法を組み合わせるか、学習用データをどこまでクレンジングするか、どのようなデータセットを揃えておけばより効果が出るか……。こうした選択は、経験に大きく左右されます。

業務を進める上での課題

実務では思ったようなデータを取得できないこともありますし、社内外を問わず、AIシステムの開発に携わるメンバーとのやり取りで苦労することもあるでしょう。以降の節では、実務で発生しやすい問題や、現場で求められるスキルについて説明します。

まとめ

- **運営中のAIシステムを通じてノウハウを学ぶ**
- **データの前処理がうまくできるかどうかは経験次第**
- **現実のデータは複雑なので、最適な手法を選ぶのにも、たくさんの経験が必要**

56 理想のデータと現実のデータを知る

独学やスクールなどで扱うデータは、理想的でキレイなデータを扱うことがほとんどです。しかし業務で扱うデータは理想的な状態であるとは限りません。実業務では、汚いデータとも向き合う必要があります。

現実にあるデータ

AIシステムには、大量の学習データや本番データが必要不可欠です。しかし十分なデータ量が集まらない場合や、データ量はあっても「汚い」データが多い場合など、開発現場ではさまざまな問題が発生します。収集できたデータから状況に合わせて対応していきます。

●既存のデータが汚い

AIモデルの作成に向けて、収集するデータの基準を作成し、基準に従ってデータが取れれば、実用的なデータセットが作れるでしょう。しかし、すでに稼働しているシステムなどで収集されたデータを利用する場合は、収集されたデータが「キレイな」状態とは限りません。例えば画像なら、下記のようなデータは「汚い」といえます。

- **ピンボケしている**
- **背景が紛らわしい**
- **黒つぶれ、白つぶれしている**
- **歪んでいる**
- **全体が写っていない**
- **ザラザラとしたノイズが入っている**
- **個人情報を塗りつぶしたりボカしたりするなど加工されている**

●データのクレンジング

学習用データを準備する際に、データの変換や不要な部分の削除といったクレンジング作業が行われます。ところが、画像の背景を消して分析すべき部分だけを強調しようとすると、思わぬところで混乱することもあります。

ある画像認識の論文で、「犬の顔のクローズアップ」と「レーズン入りスポンジケーキのクローズアップ」が紛らわしいという問題が扱われ、話題となりました。四肢や尻尾を含む犬の全身と、皿に載ったスポンジケーキであれば間違いようがありません。

人でも迷うようなデータはAIに与えるべきではありません。逆に、よく間違われるものを学習させるなど、データの扱い方を変えることが大切です。

■犬とレーズンケーキ

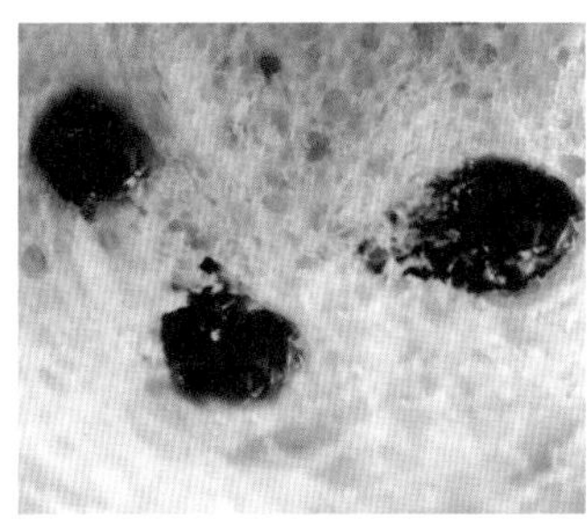

データ自体がない

AIシステムを導入したものの、顧客の都合で十分なデータが収集できないことがあります。顧客とよく話し合ってデータ提供を促進できればよいですが、無理な場合は少ないデータでの解析を迫られることになるでしょう。

まとめ

- 扱いやすいキレイなデータが集められるとは限らない
- データによって、扱い方やクレンジング方法を変える
- 顧客の都合により少ないデータ量で解析することもある

57 大規模なデータを扱うにはインフラの知識が必須

AIシステムは大量のデータを扱うため、ネットワークやデータベースの構築でインフラエンジニアとの連携が欠かせません。AIシステムをゼロから構築するときには、インフラの知識が必要となる場面があります。

インフラ知識の必要性

企業やプロジェクトによって異なりますが、ほとんどの場合は、インフラの構築や運用を担当しているインフラエンジニアがいます。インフラエンジニアに作業を依頼する際、AIシステムの必要な情報を伝えるために、AIエンジニアもインフラの知識があることが望ましいといえます。

画像や音声、動画などのデータを扱う場合は、データを保存するサーバやネットワークなどに留意しなければなりません。また、同時にアクセスする人数や、どの程度のアクセス速度が求められているのか、データのバックアップの頻度などのさまざまな要件によって、必要なインフラは異なってきます。そこでAIエンジニアは、最適なインフラな構築してもらうために、インフラエンジニアに対して的確な説明を行う必要があります。

■ インフラに関することはインフラエンジニアに作業を依頼する

クラウドの活用

P.128やP.194で説明したように、最近ではAWS（Amazon Web Service）やGCP（Google Cloud Platform）などのクラウドを利用して、インフラを構築することが多くなりました。面倒な管理は自動で行ってくれますが、ただコードを書いて実行すればよいというわけでもありません。クラウドでも自分で管理しなければならない部分はあります。また、サービスの使用時間や使用量に応じて料金がかかるので、コスト面を考慮しながら、インフラへの負担を考えたり、サービスの使い方を工夫して、AIモデルを構築することも重要です。

●サービスの分類

クラウドでよく使う用語が、IaaS（イアース）、PaaS（パース）、SaaS（サース）、FaaS（ファース）です。頭文字によって、何が提供されているクラウドサービスなのかが表されます。

■ クラウドサービスの分類

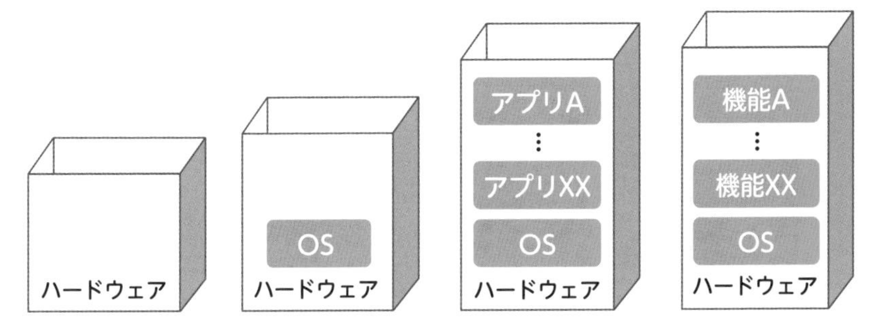

Iaas (Infrastructure as a Service)	PaaS (Platform as a Service)	SaaS (Software as a Service)	FaaS (Function as a Service)
		サービス (アプリケーション)	ファンクション (機能)
	プラットフォーム (OS)	プラットフォーム (OS)	プラットフォーム (OS)
ハードウェア (インフラ)	ハードウェア (インフラ)	ハードウェア (インフラ)	ハードウェア (インフラ)

中でもFaaSは、ファンクション（機能）と呼ばれる特定の処理だけを実行するサービスです。利用者がサーバの存在を意識しないという意味で、「サーバレス」とも呼ばれます。AIでは「画像をアップロードしたら、画像に人が写っているかを判断する」「音声をアップロードしたらテキスト化したものを戻す」というような機能単位での実装に使われます。

■各クラウドサービスの特徴

IaaS	・柔軟性がもっとも高い ・OSやアプリなどを自分で構築しなければならない ・運用管理の手間がかかる
PaaS	・限られた範囲内で設定変更などが可能 ・動かしたいアプリをインストールするだけで済む ・運用管理をある程度、クラウドベンダーに任せられる
SaaS	・アプリ一式を借りる。決まった構成でしか使えない ・利用ユーザーの登録などだけですぐ使える ・運用管理はクラウドベンダーに任せられる
FaaS	・好きな機能を動かせるが、開発手法をFaaSの慣例に合わせて作る必要がある ・実行したい機能を載せるだけで使える ・サーバはメンテナンスフリー。自分で管理する必要はない

●プロセッサ

AIモデルの学習・予測には、プロセッサを使用します。一般にプロセッサといえばプログラムを処理するCPUですが、最近では「AIにはGPU」という考えが広まりました。GPUは、画像処理のためにベクトル演算を高速・並列で行うのに特化したプロセッサで、元々は3D処理などを得意とするビデオカードに搭載されているものです。GPUの演算方法が、画像だけではなく汎用的な数値演算処理でも使えるため、AIの学習に採用されています。近年では、GPUのほかにも、AIの計算に特化したプロセッサの開発が注目を浴びています。

クラウドでは、GPUを汎用の演算装置として計算などに使うための「インスタンス（仮想マシン）」を使うこともできます。処理速度が格段に向上するので、AIモデルの学習時間を短くできますが、使用料がかかるためコストに見合っているかの見極めが大切です。

●インメモリデータベース

ビッグデータの処理を支えるインフラ技術として、データベースに格納されたデータやプログラムなどをすべてメインメモリ上に保持して扱う**インメモリデータベース**があります。頻繁に検索や書き換えが行われるデータをメモリに展開してアクセスを高速化します。ディープラーニングで学習に時間がかかる場合、インメモリデータベースを採用するのも解決策の1つです。

●負荷分散、スケーリング

クラウドはネットワークを通してデータを送るので、トラフィックを分散させたり、CPU・GPU、メモリなどの仮想ハードウェアの規模を大きくしたりしなければならないことがあります。クラウドには、こうした機能が搭載されたサービスも用意されています。AIプロジェクト用のサービスを選ぶとき、扱うデータやアルゴリズムの規模に応じて検討するとよいでしょう。

まとめ

- **AIエンジニアにもインフラ知識は必要**
- **クラウドを活用して、AIシステムのインフラを構築できる**
- **処理速度を向上したいときは、インメモリデータベース、負荷分散、スケーリングなどの技術も検討する**

58 顧客の期待値を調整する

顧客は、AI技術で何ができて何ができないかを理解しているとは限りません。顧客の期待値を調整して、一緒に課題の解決を目指していきたいと伝えることもAIエンジニアの仕事の1つです。

できること／できないことを説明する

AIは最先端の技術で何でも解決できるものだと、過剰な期待をしている顧客も少なくありません。顧客から解決したい課題をヒアリングしているときや、PoCの結果を伝えるときなどに、AI技術でできることとできないことをしっかり説明することが大切です。

AIシステムの仕様を検討する段階で顧客の持つ課題を整理して、どこまでをAIシステムで補助し、どこから先を顧客が考えたり作業したりするかを明確にします。例えば、AIシステムでは分析と予測までを行い、予測を元にした経営戦略や判断までは行わないなどです。顧客の目から見れば簡単に実現できそうに見えることが、分析者や技術者側の目では難しいということもあるので、その都度わかりやすく説明していきましょう。

■何を実現するか擦り合わせる

AIを導入して工場の生産ラインの人員を0にしたいです。

作業によっては、AIよりも人手のほうが効率がよい場合もありますよ。

人手不足なので、可能な限り人員を減らしたいんですよね。

工場の生産ラインの流れと人員配置について教えてください。一緒に、効率を保ちつつ人手を減らせる仕組みを考えさせてください。

データサイエンティスト（もしくはPMやAIエンジニア）

顧客

逆に、熟練の技術者でないと難しい作業については、AIシステムに対する期待値が非常に低く、導入の検討すらしてもらえないこともあります。そのような場合はプロトタイプ版を作って、AIシステムでも実現可能であることアピールする必要があります。

目的を達成する道筋を顧客と一緒に考える

ヒアリングの最初の段階では、顧客が抱いている目的が曖昧で、顧客自身が「こういうことをやりたい」という要件をよくわかっていないことも珍しくありません。ヒアリングの工程では、それを明らかにする必要があります。どのような課題を解決したいのか、考えていた課題ではなく別の課題があるのではないか、別の観点があるのではないかなどを整理し、課題を細かく分けていきます。このとき、専門用語を使えば1つの単語で済む場合でも、顧客に伝わるように丁寧に説明するスキルも必要です（P.232参照）。

また、「AIはあくまでも手段、AIそのものが目的ではない」というスタンスを保つことが大切です。ときには、「現時点では、この過程はAIシステムではなく人がやったほうがよい」という判断になることもあります。最終的に、課題を解決するために必要となるAIシステム全体や、学習すべきデータの内容や量などを顧客が理解できるように伝えていかなければなりません。

まとめ

- **顧客によってはAIシステムに過剰な期待をしていることがある。必要に応じて、AI技術で実現できないことを伝える**
- **AI技術に期待していない顧客に対しては、プロトタイプ版などを見せて、AI技術で実現可能なことを伝える**
- **顧客と一緒に課題を洗い出し、解決への道筋を考える**

59 ビジネススキルを身に付ける

AIシステムの開発には、社内外問わず多くの人員が携わります。コミュニケーションを取りながら開発を進めていくためには、AIスキルとアプリケーションスキルを含めたビジネススキルが求められます。

AIエンジニアに必要な3つのビジネススキル

第4章で「AIエンジニアはAIスキルとアプリケーション開発スキルが求められる」と説明しました。これらはあくまで、AIシステムを作るために必要なテクニカル（技術的）スキルであり、業務の遂行に必要なビジネススキルの1つでしかありません。ビジネススキルは、「テクニカルスキル」「ヒューマンスキル」「コンセプチュアルスキル」の3種類に分類されます。

■ビジネススキル

テクニカルスキルだけが高くても、AIシステムは開発できません。AIシステムの開発はチームで行うため、業務を遂行するには、テクニカルスキルを含めたビジネススキルが求められるのです。

ヒューマンスキル

ヒューマンスキルは、業務を遂行するために必要なコミュニケーション能力です。AIシステムを開発するときには、顧客やプロジェクトメンバー間の打ち合わせなど、相手の意見を聞く場面や自分の意見を伝える場面があります。相手の意見や考えを引き出すことと、自分の意見や考えを伝える力が求められます。

●相手の意見や考えを引き出す力

ただ相手の話を聞くだけでは、顧客が望んでいるAIシステムを開発することはできません。「なぜ○○したいのか」「なぜ○○と考えているのか」を突き詰めていくことが大切です。

例えば製造業で、A〜Eという5段階の作業工程のうち、A〜C工程にAIシステムを導入したいという顧客がいたとします。その話をそのまま受け取り、A〜C工程のAIシステムを検討しようとしてはいけません。「なぜ、A〜C工程にAIシステムを導入したいのか」と、根本的な理由を聞く必要があります。作業の効率化、人手不足の解消など、さまざまな理由が出てくるでしょう。その結果、本当に課題を解決するにはA〜C工程ではなく、D〜E工程にAIシステムを導入したほうがよい場合もあります。

●自分の意見や考えを伝える力

自分の意見をいうだけでは、相手に伝わったことにはなりません。伝えたい相手があなたの意見の内容を理解してこそ、考えや意見が伝わったといえます。AIエンジニアに限らず、IT業界では普通の人が見慣れない専門用語を使う場面があります。しかし、そういった専門用語は相手が知っているとは限らないため、わかりやすい表現で伝えるべきなのです。

また、「なぜそうしたいか」「なぜそう考えたか」の「なぜ」の部分、つまり理由を伝えることも大切です。理由を理解してもらうことで、相手に共感（納得）してもらいやすくなります。さらに理由を伝えることで、相手から別の手法や意見を引き出すことにもつながります。

コンセプチュアルスキル

物事の概念（コンセプト）を捉えて、本質を把握するスキルです。本質とは、その物事や事象から取り除くことのできない根本的な性質や要素を表す言葉です。本質を把握することで課題を明確化し、解決方法を導き出します。コンセプチュアルスキルは、プロジェクトマネージャなどAIシステム開発チームを牽引する人材に求められます。

テクニカルスキルやヒューマンスキルと違い、一朝一夕に身に付けられるスキルではありません。本質を把握できるようになるためには、P.222でも説明したように、地道な経験をコツコツと積むことが一番の近道です。顧客の課題をどうやって解決するかを検討し、実行した結果を振り返って評価することから始めるとよいでしょう。

まとめ

- 開発現場では、ビジネススキルが求められる
- ビジネススキルとは、業務遂行に必要なスキルで「テクニカルスキル」「ヒューマンスキル」「コンセプチュアルスキル」に分類される
- AIスキルやアプリケーション開発スキルは、テクニカルスキルに該当
- ヒューマンスキルは、業務遂行に必要なコミュニケーション能力
- コンセプチュアルスキルは、本質を捉え、課題の解決方法を導き出す能力

60 最先端技術だからこそ学び続けなければならない

AIにまつわる技術は日々進歩しています。新しい技術が発表されたり、既存の技術でも問題点が見つかったりと、たくさんの情報が発信されています。日頃から積極的に情報を追いかける姿勢を持つことが大切です。

新技術の転用

AIにまつわる技術は日々進歩しています。昨今では、大量の教師データでAIモデルに学習させることで、小説を書いたり、作曲したり、絵を描いたりという人間の創作活動に近いことができるようになりました。

こうした新しい技術をシステム化して、世の中の解題解決に活用できるかどうかを検討するのもAIエンジニアの仕事の1つです。

■ AI技術で創作活動も実現しつつある

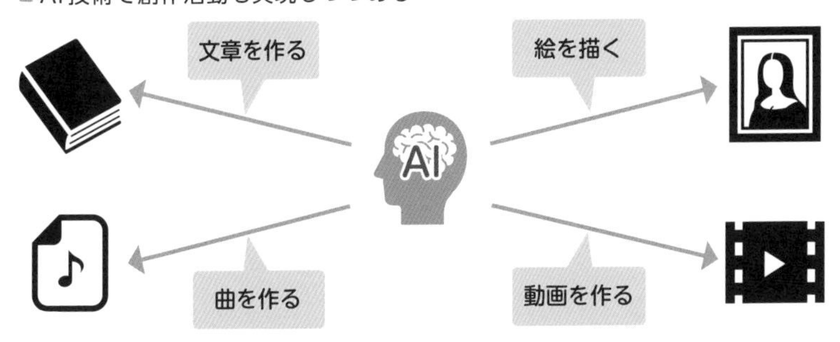

最新の情報を探す

国内外問わず、AIに対する関心は非常に高く、活発に情報が発信されています。書籍だけではなく、インターネット上にも研究論文やリサーチペーパーが公開されているので、新しい情報の取得に役立ちます。そのほか、AIシステムを開発している企業やAIエンジニア、研究者なども情報を発信しています。

■AIにまつわる情報発信の例

発信元	内容
研究論文やリサーチペーパー	大学や研究機関などの研究論文やリサーチペーパーが公開されている。また、研究論文がまとまっているWebサイトもある
AIシステムの開発企業のプレスリリース	さまざまなAI系企業のプレスリリースで、新しい技術の情報やサービスについて発表することがある。実用化された技術の背景、目的、成果などを読める
AIシステムの開発者ブログ	開発者ブログを運営しているIT企業がある。最前線で働くAIエンジニアの技術解説や関心事を読むことが可能
SNS	もっとも早い情報収集は、第一線で活躍する研究者のSNSでの投稿をフォローすること。その投稿の注目度や反響などから、研究のインパクトや信憑性もすぐに知ることができる

最新すぎる情報には注意

インターネットで発信される新しい情報は、信憑性や実用可能性がなくても、新しいということで話題になることがあります。注目度が高いからといって必ずしも有益な情報とは限りません。無闇に新しい情報には飛びつかず、ある程度の検証詳細が明らかになるまでは、参考程度にしておくのが無難です。

学会誌

書店では出回りませんが、学会で出している学会誌にも論文や研究者の執筆した記事が掲載されます。論文には「再現性（ほかの人でもその論文の通りに行えば同じ結果が出る）」に対する責任があり、第三者の審査を通過しています。このため情報の発信速度はインターネットに劣りますが、内容にはある程度の正確さ・中立性が保たれています。

イベントに参加する

個人が開催している小規模な勉強会から、企業が主催している大規模なカンファレンスまで、さまざまな形で情報が発信されています。参加制限のあるイベントもありますが、Webサイトから申し込みをして一般参加できるイベントもあります。イベントの中には、登壇者や一般参加者とのコミュニケーションを取れる時間が設けられているものもあります。さまざま企業で活躍するAIエンジニアや研究者との接点が持てるので、興味あるイベントがあれば参加してみましょう。

■イベント例

種別	内容
勉強会	IT系企業の社員やオープンソース開発者、ユーザー会などで、さまざまな勉強会を開いている。勉強会の参加者は、SNSやWebサイトで広く募っている
学会	原則有料で、非会員は会員より割高になる
カンファレンス	企業が主催または共催するカンファレンスは、招待制の場合が多いものの、一般参加者を募る場合もある。PythonコミュニティのPyConやAmazonのAWS Summitは、講演を動画で見ることも可能

ドメイン知識を深める

AIシステム開発するために、金融業界であれば株式のルール、小売業であれば季節ごとのトレンドなど、その業界ごとのドメイン知識が求められます。データの関連性や意味がわからなければ、前処理やハイパーパラメータの調整ができません。また評価するにしても、十分な精度があるかどうかの判断も正しく行えません。

こうしたドメイン知識は、同業種企業によっても異なる場合があります。その業界の基礎知識を書籍などで習得しつつ、細かい部分は顧客にヒアリングしながら理解していきましょう。

また、プロジェクトマネージャなどのポジションで顧客とのやりとりが頻繁な場合は、先方の業界知識を持っていたほうがコミュニケーションも円滑に進みます。

■最新情報のキャッチアップ

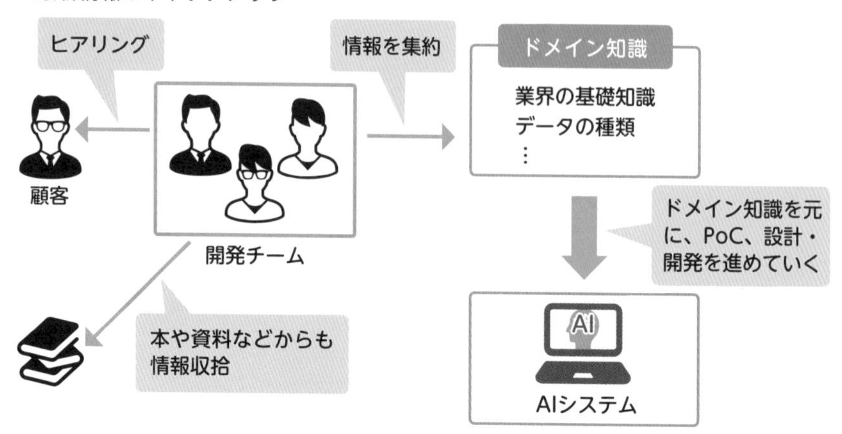

COLUMN 英語と数式

世界に先駆ける最新技術の論文や資料は、英語で書かれることがほとんどです。日本人の技術者も英語で論文や記事を書きます。日本語に翻訳されるものもありますが、時間がかかりますし、すべてが翻訳されるわけではなりません。こうした論文や記事を読むためには、英語か数式が理解できるレベルになる必要があります。AI技術に関する論文や記事には、よく数式が記載されます。数式の書き方は世界共通なので、英語が読めなくても参考になることでしょう。

まとめ

- **AI技術についての情報は、論文やプレスリリース、開発者ブログ、SNSなどで入手可能**
- **インターネットで発信される新しい情報は、信憑性や実用可能性に欠けることがあるので注意が必要**
- **AIシステムの開発には、対象とする業界のドメイン知識が必要**

61 ステップアップのために

一人前のAIエンジニアとして活躍できるようになったら、その先の道も少しずつ検討していきましょう。幅広い知識でプロジェクトを牽引するジェネラリストになる道と、技術力を高めてスペシャリストになる道があります。

運用からのステップアップ

P.222で説明したように、AIシステムの運用やデータ集計、統計など地道な経験を積んで、AIエンジニアに必要なスキルを身に付けていきましょう。コツコツと経験を重ねることで、先輩のサポートなしにAIシステムの運営ができるようになったり、新規のAIシステム開発に携われるようになったりすれば、一人前のAIエンジニアとして活躍できるようになります。

一人前のAIエンジニアから先の道は、大きく分けてマネージメント業務を担うジェネラリストか、技術力を高めてスペシャリストを目指す道に分かれます。

■ AIエンジニアからその先

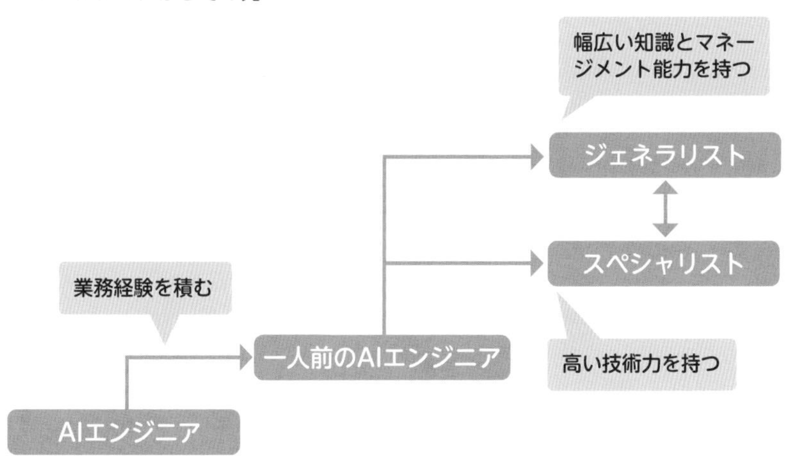

●ジェネラリスト

ジェネラリストの多くは、PMとしてシステムやプロジェクト全体の管理を行います。また、プロジェクト予算の交渉や納期設定、顧客の期待値調整や仕様の擦り合わせなど、幅広い対応が求められます。ときには、新規顧客を開拓することもあるので、営業スキルがあると望ましいです。

新しいAIシステムを提供していきたいと考えるのであれば、PMとしてゼロベースから企画を考えて営業することで実現できるでしょう。

●スペシャリスト

技術力を高めてシステムの提案や設計などを行い、技術に責任を持つポジションです。ときには開発作業を円滑に進めるために、誰が何の処理の開発を担当するかなど、エンジニアのタスク管理も行います。ほかのエンジニアから質問や相談をされるポジションのため、高い技術力が求められます。

開発作業を中心に行っていきたいと考えるのであれば、技術力で勝負するスペシャリストを目指すとよいでしょう。

○ データサイエンス

先輩AIエンジニアの力を借りずAIモデルを構築したり、データサイエンティストの業務を担当したりするには、データサイエンスが身に付いている必要があります。

データサイエンスとは、大量のデータを分析して、そこからインサイト（新しい情報や関連性、法則性など）を導き出す学問です。AIモデルを構築する上で、なくてはならないAIスキルの1つです。P.80でも紹介していますが、統計や数学などの知識を深めることで、最適なAIモデルの構築に活かすことができます。また大量のデータを扱うので、SQL（Structured Query Language）というデータベースを操作する言語も扱えることが望ましいです。取得したデータを分析するため、マーケティングや分析する業界の知識が必要な場面がありますが、携わる業界によって必要なマーケティングや業界知識は異なるので、地道に業務経験を積みながら蓄積していくとよいでしょう。

データサイエンスは、ジェネラリスト、スペシャリストのどちらを目指すにしても必要な知識です。一人前のAIエンジニアからステップアップするためには、データサイエンスに必要な知識の習得を目指しましょう。

■データサイエンスを支える学問分野

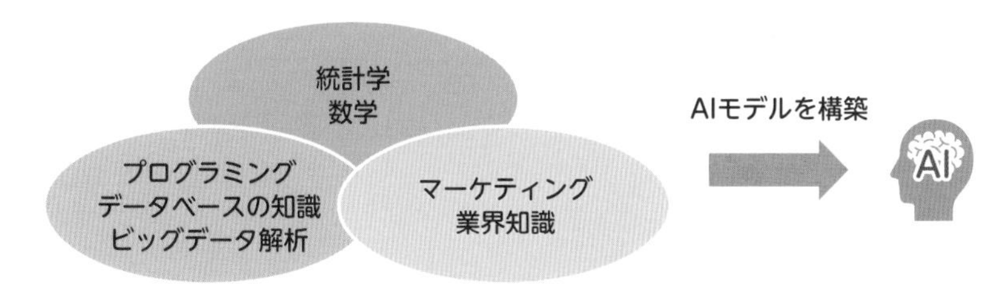

AIを支える技術

1958年に「人工知能」という学問分野が定義されて以来、AIは何度か話題を呼んでは、「実益を生む見込みがない」として注目から外れるという歴史を経験しています。しかし現在、「ディープラーニング」が活躍するAI エンジニアリングでは、実際に新製品や業務の効率化など実益を生み出すようになっています。

より幅広い知識を得るためにも、AIを支える技術について知識を深めておくとよいでしょう。今のAIエンジニアリングの原動力となった主な技術革新は、以下の通りです。

■AIエンジニアリングの原動力となった技術革新

項目	概要
インターネット	ADSLやFTTH、さらにWi-Fiや5Gなど、通信速度の高速化が目覚ましい。機器の小型化によりIoTが発展し、大量のデータが送信できるようになった
クラウド	個人や一企業では用意できないレベルの高速な計算ができるコンピュータを時間単位で借りられるようになった。また、すでに学習済みのAIシステムも提供され、ゼロから作る必要がなくなった
ビッグデータ	大量のデータ、不定形データの保存と検索を容易にするデータ管理システムが、AIに必要なデータ収集や管理に利用される

汎用GPU	グラフィックチップのメーカーがGPUに汎用の処理を行わせるプラットフォームを提供するようになったことが、高速・並列処理を可能にした
センサ	各種センサが安価かつ精度が高まり、学習させるべきデータの質と量が向上した
デジタルカメラ	高解像度の画像データを簡単に取得できるようになった。近年のデジカメには、Wi-FiやBluetoothが搭載されている機種もあり、短距離であれば画像を直接送信できる
ドローン	個人や組織単位で、さまざまな場所へカメラを持ち込み遠隔から撮影することが容易になった。交通の流れ、災害の状況、地域の植生などを画像や動画で取得できる

ステップアップするために

ジェネラリストとスペシャリストのどちらを目指すにしても共通していえることは、「学びを続ける」ということです。AIエンジニアになったあとも、業務を通じて経験を積みながら知識範囲を広げていきましょう。できることを増やしていくことで、着実にステップアップしていけることでしょう。

まとめ

- **AIエンジニアからのステップアップはジェネラリストとスペシャリストの道がある**
- **AIエンジニアになったあとも学び続ける姿勢が大切**

索引 Index

P～W

あ行

か行

は行

ま行

や行

ら行

| 取材協力 |

株式会社 ABEJA
大田黒 紘之
田島 充
吉田 拓郎

株式会社 NTT データ
石田 武

株式会社リクルート
高橋 諒

■お問い合わせについて

・ご質問は本書に記載されている内容に関するものに限定させていただきます。本書の内容と関係のないご質問には一切お答えできませんので、あらかじめご了承ください。
・電話でのご質問は一切受け付けておりませんので、FAXまたは書面にて下記までお送りください。また、ご質問の際には書名と該当ページ、返信先を明記してくださいますようお願いいたします。
・お送り頂いたご質問には、できる限り迅速にお答えできるよう努力いたしておりますが、お答えするまでに時間がかかる場合がございます。また、回答の期日をご指定いただいた場合でも、ご希望にお応えできるとは限りませんので、あらかじめご了承ください。
・ご質問の際に記載された個人情報は、ご質問への回答以外の目的には使用しません。また、回答後は速やかに破棄いたします。

■装丁……井上新八
■本文デザイン……BUCH+
■DTP……リブロワークス・デザイン室
■本文イラスト……リブロワークス・デザイン室
■担当……春原正彦
■編集……リブロワークス

図解即戦力
AIエンジニアの実務と知識がこれ1冊でしっかりわかる教科書

2021年2月23日　初版　第1刷発行

著　者　AIエンジニア研究会
発行者　片岡　巌
発行所　株式会社技術評論社
東京都新宿区市谷左内町21-13
電話　03-3513-6150　販売促進部
03-3513-6160　書籍編集部
印刷／製本　株式会社加藤文明社

ISBN978-4-297-11900-3 C3055

Printed in Japan

■問い合わせ先
〒162-0846
東京都新宿区市谷左内町21-13
株式会社技術評論社 書籍編集部
「図解即戦力　AIエンジニアの実務と知識がこれ1冊でしっかりわかる教科書」係
FAX：03-3513-6167
技術評論社ホームページ
https://book.gihyo.jp/116